LES SAVANTS FOUS

DU MÊME AUTEUR

Le Siècle d'Albert Einstein, Perrin, 2008.
Alan Turing, l'homme qui a croqué la pomme, Hachette littératures, 2004.
À la recherche de l'homme, avec Pascal Picq, NiL, 2002.
Marie Curie, Perrin, 2001.
Cohn-Bendit, Liana Levi, 1998.
Les Français à table, sous la direction d'Anthony Rowley, Hachette littératures, 1997.
Malraux, antibiographie, J.-C. Lattès, 1995.
Georges Albertini, l'homme de l'ombre, Balland, 1990.

LAURENT LEMIRE

LES SAVANTS FOUS

D'Archimède à nos jours, une histoire délirante des sciences

ROBERT LAFFONT

Ouvrage publié sous la direction de Dominique Missika

ISBN 978-2-221-11235-9

Introduction

Les hommes sont si nécessairement fous que ce serait être fou par un autre tour de folie de n'être pas fou.

Blaise Pascal

Évidemment, la science nous a appris à pasteuriser le fromage. Mais quid de la bombe à hydrogène ?

Woody Allen

Frankenstein, Moreau, Mabuse, Caligari, Folamour ou Miguelito Loveless renvoient à des docteurs ayant vraiment existé. Pas que des docteurs en médecine, mais aussi en chimie, en physique, en mathématiques. Copernic, Galilée et Newton ont fait fantasmer bien des esprits sur les pouvoirs de la science. Déjà au XVIIIe siècle, dans *Les Voyages de Gulliver*, Swift met en scène des savants sur l'île volante de Laputa qui ont viré vers des recherches absurdes. « Il avait pâli huit ans sur un projet consistant à extraire les rayons du soleil contenus dans des concombres, afin de les enfermer dans des fioles bouchées hermétiquement, et pour qu'ils pussent servir à échauffer l'air lorsque les étés seraient peu chauds... » Et que dire d'Einstein dont les théories sur la relativité furent si mal comprises dans les années 1920 et à qui l'on attribua à tort la fabrication de la bombe atomique. À mesure que les sciences et les techniques ont progressé elles ont tout à la fois suscité espoir et inquiétude. De cette angoisse est née l'image du savant fou, d'abord dans la littérature, ensuite au cinéma et enfin dans la bande dessinée. De cette manière l'ordinateur tout-puissant, la génétique maléfique et la physique catastrophique ont fini par s'inscrire dans la culture populaire occidentale.

Les alchimistes du Moyen Âge ont inspiré le docteur Faust à Christopher Marlowe puis à Goethe; Bacon a forgé l'image du scientifique idéal comme un homme responsable et Newton est apparu dans le rôle du savant à l'égal d'un dieu, mettant le monde en équations. De l'ombre à la lumière, la transformation a été radicale. Sorti des caves où l'on recherchait la pierre philosophale pour monter en chaire du savoir quasi absolu, le savant est devenu celui par qui le progrès arrive. Puis survint la contestation du scientifique arrogant et sans dieu au XVIIIe siècle, pour aller jusqu'à l'expérimentateur démoniaque cher au romantisme noir d'où sortira Frankenstein. Le scientifique finit par douter. Il devient un aventurier, un personnage efficace, un héros pour sombrer de nouveau dans la folie, le mal, un individu que l'on ne contrôle plus, qui ne se contrôle plus lui-même, donc capable du pire. Dans son étude sur les représentations du savant dans la littérature occidentale, Rosslynn Haynes rappelle qu'Isaac Newton, Marie Curie ou Albert Einstein constituent des exceptions dans la mémoire collective. Pour la plupart des écrivains à partir du XIXe siècle, les savants font peur. « Ces savants de papier ne sont que la réponse de leurs créateurs à la question du rôle de la science et de la technologie dans un contexte social donné. » Il en résulte une sorte d'amour-haine envers cette science que l'on ne comprend pas et dont on se méfie. De l'alchimiste au généticien, la route est longue mais pas si curieuse. Dans les deux cas la même crainte se manifeste : celle des expériences et du savoir cachés.

Le savant fou est à la science ce que le corrompu est au droit. Une sorte de dévoiement, un cruel dérapage, un mal inévitable. Comment envisager une telle aventure, celle de la science, sans ses personnages étranges, fantasques, illuminés ou cruels ? C'est dans les disciplines les plus ordonnées qu'on trouve les individus les plus tordus. Car la méthode ne s'oppose pas au désordre. Bien au contraire. Elle l'accompagne le plus souvent. Dans son monde bardé de logique, d'équations, de certitudes profondes et d'incertitudes qu'il cherche à contrôler, le savant perd ses repères dès qu'il aborde le monde réel, celui des non-savants, c'est-à-dire le nôtre. Il se comporte comme si celui-ci avait encore quelque accointance avec les mathématiques. Ses relations sociales en souffrent. De son laboratoire, le scientifique observe ce qui l'entoure avec des lunettes particulières. On pourrait en dire autant de l'anthropologue, de l'historien ou du philosophe, mais ces sciences dites « molles » inspirent bizarrement moins de craintes que les sciences dites « dures » surtout, en fait, parce qu'on ne les comprend pas. La dangerosité entre le dingue du labo de physique et l'idéologue sociologue s'avère donc très relative...

Mais quel est-il donc ce savant fou, ce sage insensé, cet homme de raison qui perd la raison, ce fol inventeur pris lui-même au piège de ses sortilèges ? On sait depuis Michel Foucault que la folie est aussi une construction sociale. Il en est de même pour le savant fou. Dans cette science envisagée comme un édifice collectif, le marginal s'inscrit à sa façon. Il occupe les pièces les moins en vue, celles qu'on dissimule aux visiteurs de l'histoire. On ne voudrait surtout pas leur faire peur. Pourquoi les inquiéter, pourquoi leur rappeler que la science est aussi un récit, un récit validé par le temps et les hommes, mais que sur ce fleuve pas si tranquille ont navigué des gens parfois curieux ? Tous ne furent pas des inconnus, au contraire. Certains portèrent la double casquette de la rigueur et du farfelu. Quelques-uns furent vraiment dérangés et vraiment géniaux. La plupart gardèrent leur folie pour eux, au creux de l'intime. « Le talent, c'est le tireur qui atteint un but que les autres ne peuvent toucher ; le génie, c'est celui qui atteint un but que les autres ne peuvent même pas voir », considérait Schopenhauer.

L'Antiquité n'était pas dépourvue de personnalités fantasques, mais elle ne comportait pas de savants fous à proprement parler. Tout simplement parce que la notion de bon savant n'existait pas encore. Il faudra attendre la chrétienté médiévale pour glisser un peu d'Inquisition dans tout cela et codifier en quelque sorte ce qui relève de la bonne ou de la mauvaise science, c'est-à-dire ce qui est ou non toléré par la morale de l'Église. C'est à ce moment qu'apparaît le savant fou, le sorcier, celui qui défie le bon sens, le droit, et qui se pique d'un savoir dont on ne veut justement rien savoir. En perdant les repères de l'Église, le savant abandonne la raison. S'il n'est avec Dieu il est forcément avec le diable. Et comme ce dernier réside dans les détails, du moins depuis Descartes, c'est donc dans les interstices du savoir officiel, homologué et reconnu que le savant fou va s'installer.

Le juriste Jean-Pierre Baud a bien expliqué le problème. «Le profil du savant fou ne peut se dessiner que bien plus tard, en contretype du glorieux portrait du savant officiellement accrédité par le pouvoir.» Savant, savoir, pouvoir. La ligne est toute tracée. Folie, furie, marginalité. Là aussi la direction est évidente. Le savant fou met sa science non plus au service de l'Église ou de l'État, mais à celui de ses intérêts propres. Ou bien encore à celui d'une cause, d'une faction, d'une idéologie non acceptée par les États. C'est le cas des fameux détraqués qui complotent contre les démocraties dans la plupart des *James Bond.* En dernier lieu, on observe quelques spécimens d'individus particulièrement malfaisants qui ont accordé leurs disciplines aux régimes totalitaires qui les employaient. Leurs mélodies funestes fascinent encore ceux que la torture excite. On pense immédiatement aux médecins nazis, aux expérimentateurs japonais ou aux psychiatres soviétiques. Mais il s'agit là moins de savants fous que de tortionnaires qui opèrent dans la plus grande légalité et qui ont souvent été décorés pour leurs méfaits d'armes. Leur dinguerie ne leur fait jamais oublier leur carrière et leur position d'apparatchik. Leur marginalité est toute relative. Elle est proportionnelle à leur sadisme, pas à leurs prétendues découvertes. Ils n'ont donc pas leur place ni parmi les savants ni parmi les fous. Ils ne sont que les symptômes cruels d'un régime politique.

Dans « savant fou » il y a « savant » et il y a « fou ». On retiendra volontiers avec Claude Lévi-Strauss que le savant n'est pas celui qui donne les bonnes réponses, mais celui qui pose les bonnes questions. Cette interrogation peut évidemment le conduire sur des landes bien sombres, à l'instar de Victor Frankenstein. Ai-je le droit de créer la vie à partir de la mort si j'en ai le pouvoir ? Ai-je le droit de franchir les limites qui me sont imposées par la société ? Ai-je le droit de me substituer sinon à Dieu du moins à tous ceux qui ont bâti durant des siècles des règles éthiques ? À toutes ces questions le savant fou répond oui. Il le fait le plus souvent par conviction que ce qui est faisable techniquement parlant doit être moralement entrepris. Il use et abuse de l'idée de progrès qui, comme le soutenait Darwin, n'existe pas dans la nature. « La science, assurait Pierre Bourdieu, est une construction qui fait émerger une découverte irréductible à la construction et aux conditions sociales qui l'ont rendue possible. »

En pensant faire progresser la science, le savant fou s'avance le plus souvent seul sur un chemin qui risque, pour le coup, de ne le mener nulle part.

Certains grands esprits, sans pour autant sombrer dans la démence, ont fait quelques pas sur des territoires mouvants. Newton n'a pas hésité à s'aventurer vers l'alchimie et l'ésotérisme, Thomas Edison, l'inventeur du téléphone, pensa pouvoir communiquer avec les morts et Nikola Tesla, l'un des pères de l'électromagnétisme, projetait la conception d'un rayon de la mort qui fera plus le bonheur des auteurs de science-fiction que des militaires. C'est qu'entre rationnel et irrationnel le balancier est sensible. Il penche volontiers d'un côté ou de l'autre. Mais un rationaliste pur ou un irrationaliste extrême sombreraient également dans la folie. La science, comme toutes les disciplines, comme la vie, avance sur cet équilibre subtil. Si la société accepte un brin d'originalité chez les savants, elle refuse cette bizarrerie à la science elle-même. En étant au service de la vérité, en contribuant à l'amélioration du savoir et en favorisant par ses applications technologiques la qualité de vie sur terre, la science n'est pas supposée participer à la destruction. Sauf quand elle détiendra le pouvoir de le faire...

À partir du XIXe siècle, la science produit chez quelques-uns un sentiment de puissance qui confine à la folie, plus ou moins grave il est vrai, mais à la folie tout de même. Les effets conjugués de l'électricité et du magnétisme attirent quelques têtes chercheuses dans les impasses du paranormal. Plus tard, après la découverte par Einstein de la relativité et de la mécanique quantique par Planck, d'autres seront tentés par l'extrapolation des voyages dans le temps ou par la négation de la réalité des choses. La fin du XIXe siècle et le début du XXe sont propices à toutes les audaces. Portés par le courant positiviste et les avancées technologiques, certains scientifiques sont titillés par l'explication générale de tout, et même d'un peu plus encore. L'un – un dénommé Aimé Halewijck – annonce des *Preuves matérielles de l'existence de Dieu tirées de la physique et des phénomènes de la nature* tandis qu'un autre se demande si Dieu pourrait se suicider. L'électromagnétisme, la chimie et la psychologie sont mélangés en dépit du bon sens pour démontrer l'existence du mouvement perpétuel ou les vertus de la marche à reculons...

À côté de la cohorte des hurluberlus, le vrai savant lui aussi perd pied. Ce sentiment de puissance se caractérise quelquefois par la folie du savoir, la sensation que l'on approche des confins de la connaissance, que l'on entre dans le secret des secrets, que le vide n'est pas rien. La folie est parfois un jeu. Un jeu dangereux auquel on se prête au début par curiosité, pour voir où il nous mène et dont on ne peut plus sortir. C'est ce qui est arrivé à John Nash, brillant mathématicien qui s'est muré pendant vingt-cinq ans dans une forme grave de schizophrénie avant d'en sortir pour recevoir le prix Nobel d'économie...

Pour Paul Erdös, la science fut une longue flânerie solitaire. Ce Hongrois surnommé « le mathématicien errant » n'aimait que les chiffres. SDF des nombres, vivant dans le dénuement absolu avec pour tout bien une valise, un sac plastique et un carnet de notes, il est mort dans une chambre d'hôtel en 1996, à quatre-vingt-trois ans.

La science est le produit de l'homme. Difficile de

distinguer deux sciences, l'une portée par le pur plaisir de la découverte des lois de la nature, l'autre motivée par les applications techniques, voire commerciales. Archimède fut savant et travailla pour Alexandre le Grand. Galilée ne cachait pas ses travaux d'optique aux militaires, etc. « Non, écrivait Lucien Febvre, la science ne se fait pas dans une tour d'ivoire, par l'opération intime et secrète des savants désincarnés vivant, en dehors du temps et de l'espace, une vie de pure intellectualité. »

La littérature et le cinéma ont fait leurs choux gras de ces personnages déviants, fantasques ou inquiétants. La liste des docteurs foldingues est longue. La plupart du temps, ces êtres au premier abord monstrueux, anormaux, hors de la norme nous apparaissent avec une pointe d'humanité, comme s'ils étaient aussi victimes de leur volonté de savoir en ayant tenté de repousser les limites de la connaissance. Si pour Malraux l'artiste ressemble au fou, le scientifique ne peut lui aussi créer – car il s'agit bien de création – sans un grain de folie, ce fameux grain qui fait aussi que les plus belles mécaniques intellectuelles s'enrayent. Tout est une question de dosage.

Il ne s'agit pas ici de mettre en cause la science, mais de montrer au contraire sa vérité, ses passions, ses délires et son innocence. Incarnée au cours des âges par quelques esprits exceptionnels, elle révèle aussi ses chemins de traverse, voire ses impasses, aussi ses formidables avancées. Michel Foucault avait bien raison de conclure son *Histoire de la folie à l'âge classique* par cette formule : « De l'homme à l'homme vrai, le chemin passe par le fou. »

Une science en danger devient dangereuse, assurait Pierre Bourdieu. Le danger auquel il faisait allusion dans son cours du Collège de France n'avait rien à voir avec les docteurs Frankenstein, Jekyll ou Folamour. La folie dont il parlait était bien plus répandue, sans doute tout aussi nocive. À ses yeux, le savant fou venait d'être détrôné par le marché fou ! « Un bon savant, écrivait-il, est quelqu'un qui a le sens du jeu scientifique, qui peut anticiper la critique et s'adapter par avance aux critères définissant les arguments recevables, faisant ainsi avancer le processus de reconnaissance et de légitimation ; qui cesse d'expérimenter quand il pense que l'expérimentation est conforme aux normes socialement définies de sa science et quand il se sent assez sûr pour affronter ses pairs. » De cette définition du bon savant, on peut déduire le mauvais. Il n'est pas encore fou, mais il s'engage dans une voie qui le coupe de sa communauté. C'est en solitaire, en réprouvé et en banni qu'il aborde ces nouveaux territoires. Il arrive parfois qu'il revienne dans la communauté des sages. Le plus souvent il continue d'habiter les deux domaines. Il peut bien siéger à l'Académie des sciences, il a fait de l'extravagance sa résidence secondaire.

Dans ce voyage au pays des fous, des excentriques et des bizarres, on ne trouvera pas les médecins nazis comme Mengele. Ce sont des tortionnaires et la liste de leurs « travaux » se résume à une longue litanie d'horreurs. D'ailleurs tout savant, aussi fou soit-il, publie ses découvertes dans des revues ou dans des livres. Conscients de l'atrocité de leurs actes, les pseudo-médecins nazis se sont appliqués à laisser le moins de traces possible de leur meurtrière activité.

Pour Albert Einstein, la science pouvait tout à la fois devenir une illusion et une prison. « Un être humain est une partie d'un tout que nous appelons : Univers. Une partie limitée dans le temps et l'espace. Il expérimente lui-même, ses pensées et ses émotions comme quelque chose qui est séparé du reste, une sorte d'illusion d'optique de la conscience. Cette illusion est une sorte de prison pour nous, nous restreignant à nos désirs personnels et à l'affection de quelques personnes près de nous. Notre tâche doit être de nous libérer nous-mêmes de cette prison en étendant notre cercle de compassion pour embrasser toutes créatures vivantes et la nature entière dans sa beauté. » Cette volonté de tout embrasser a conduit quelques esprits moins structurés que celui du père de la relativité à n'étreindre que du vent, dans le meilleur des cas. Au gai savoir se substitue quelquefois le savoir fou. Voilà pourquoi dans notre visite nous rencontrerons des rêveurs, des distraits, des emportés, des mélancoliques et des inquiets. Ce sont plus des farfelus que des fous. Le vrai savant fou n'a pas le sentiment de la déraison. C'est en poussant à l'extrême un raisonnement qu'il en vient à perdre tout contact avec le réel. Les quadrateurs de cercle, les éplucheurs de prières, les médecins de l'improbable et les persécutés par eux-mêmes accompagnent ceux qui ambitionnent d'améliorer le monde et les hommes en fabriquant des monstres...

Dans son imposant catalogue de grands névropathes publié dans les années 1930, le docteur Augustin

Cabanès recense les plus beaux esprits de Molière à Baudelaire, en passant par Hoffmann, Swift, Coleridge, Chopin ou Wagner, mais pas un savant. Nous allons tenter de réparer cet oubli en commençant par ceux que nous connaissons le mieux parce qu'ils n'ont pas existé : les savants fous au cinéma.

1

Des Prométhées déchaînés

Les savants fous, on les trouve moins dans les laboratoires que dans la littérature. Et encore plus au cinéma. C'est véritablement là qu'ils ont pu proliférer, au point d'y installer une image récurrente, un véritable cliché de l'univers des sciences. Après tout, ce n'est qu'un juste retour des choses puisque les pionniers du septième art furent des scientifiques. Ce fut le cas du physiologiste Étienne Jules Marey, le fondateur de la chronophotographie, de Jean Painlevé, ami des surréalistes et de Jean Vigo, explorateur de la vie aquatique, ou d'Eugène Doyen, le chirurgien cinéaste qui filma la séparation des sœurs siamoises ou l'amputation d'une jambe avec un goût du détail pour le moins douteux. Ses films, destinés à l'origine aux professionnels, finirent dans des baraques foraines comme Joseph Merrick, l'*Elephant Man* de David Lynch. Ce n'était plus la technique médicale que l'on venait voir, mais l'horreur. Le docteur Doyen quittait le petit bloc pour le Grand-Guignol. La salle d'opération, la vraie, devenait le lieu étrange où le malaise générait le fantasme. Les hommes en blanc révélaient soudain leurs pensées bien noires.

La science pouvait donc provoquer la frousse. Surtout quand on invitait un public non averti dans ses officines. Réalité pour la science, fiction pour le cinéma, les deux grandes sources d'inspiration se rejoignent lorsque les territoires se confondent. C'est ainsi qu'est née la science-fiction, avec son cortège de merveilleux et d'épouvante. Dans l'examen qu'il fit des films d'horreur Andrew Tudor dénombra près de mille titres de 1931 à 1984 et les savants fous n'y font pas de la figuration. Le plus souvent, ils occupent le haut de l'affiche et c'est pour leurs méfaits que le public accourt. David J. Skal a tenté de comprendre ce qui fascinait tant dans cette science dévoyée récupérée par la culture populaire. Il en a déduit que les quelques chefs-d'œuvre tout comme les films de série B ne faisaient que traduire une angoisse face à une science qui apparaît de plus en plus toute-puissante, notamment parce qu'on ne la comprend plus. L'astrophysicien Stephen Hawking avait lui aussi pointé ce phénomène. « Il y a peu, la plupart des scientifiques étaient trop occupés par le développement des théories qui décrivaient ce qu'est l'univers pour se poser la question pourquoi. D'autre part, les gens dont c'est le métier de poser la question pourquoi, les philosophes, n'ont pas été capables de se maintenir dans le courant avancé des théories scientifiques. » Il en est résulté un fossé culturel, une incompréhension de part et d'autre, terrain propice à la suspicion et à la divagation. De manière presque évidente, le savant fou est apparu à point nommé pour faire le pont entre le savoir moderne et les superstitions traditionnelles. Et jamais il ne s'est mieux incarné que sur un grand écran.

Les savants fous au cinéma sont la projection de nos cauchemars collectifs, de nos interrogations, de nos inquiétudes et de notre paranoïa à l'endroit d'une science que l'on ne comprend plus, qui nous est donc cachée, c'est-à-dire sans contrôle. Quelquefois, cette méfiance se révèle judicieuse. La lecture des journaux nous montre chaque jour que la réalité dépasse la fiction. Tous ces éléments ont fini par nourrir copieusement l'imaginaire de la science. Dans le septième art, le savant fou n'illustre pas la science telle qu'elle est, mais telle que nous pensons qu'elle pourrait être si nous ne mettions des limites morales à la recherche.

Au cinéma, les savants fous ont un point commun. D'abord, ce sont presque exclusivement des hommes. Ensuite, ils sont méchants ! Même quand leur délire se retourne contre eux, ils finissent par être nuisibles pour la société. En se détruisant, ils détruisent les autres. En expérimentant, ils franchissent le Rubicon de la morale. Ces personnages imaginaires ne sont pas sans origine. Les auteurs qui les ont créés ont puisé leur inspiration dans des faits bien réels. Du charmant savant Cosinus éternellement dans la lune à l'éthéré professeur Tournesol d'Hergé – inspirés tous les deux de scientifiques ayant existé comme le professeur Piccard, l'inventeur du bathyscaphe –, nous sommes passés par la grande farandole des cinglés inquiétants.

La publication du *Frankenstein* de Mary Shelley

en 1818 ouvre la voie à toute une génération de savants fous – essentiellement des médecins – qui vont peupler l'imaginaire romanesque et cinématographique. La liste de ces docteurs est éloquente. Frankenstein, Caligari, Jekyll, Fu Manchu, Cyclops, Folamour, etc. Ils sont tous unis par un même dérèglement : la connaissance les a rendus dingues ! Quelquefois c'est l'inverse qui se produit : c'est la folie qui les rend savants. C'est elle qui les projette dans un état second et leur ouvre les portes d'un nouveau savoir. Dans cette autre dimension, au-delà de la raison, ils paraissent avoir été touchés par la connaissance ultime comme d'autres le sont par la grâce. Dans son étude sur les rapports entre la science et la culture, Jean-François Chassay montre comment ces liens se tissent. « Chez Gotlib, le génie de Newton se manifeste au moment où il devient dingue : la chute d'un corps sur sa tête qui permet l'éclair de génie le met dans un état second, le plonge dans les vapes, ou le rend carrément idiot. Il est projeté hors de la réalité, en retrait du monde où se trouve le commun des mortels. »

L'expression importante est « hors de la réalité ». Tous les savants fous de fiction, dans la littérature, au cinéma ou dans la bande dessinée, se meuvent hors de la réalité. Ils sont ailleurs. Dans une dimension où les notions de responsabilité et de morale n'ont plus cours. Et ce n'est que lorsqu'ils entrent de nouveau en contact avec le monde réel, ce fameux quotidien, que la catastrophe se produit. Ils semblent alors prendre conscience de leurs méfaits, mais ne sont pourtant pas prêts à en payer le prix.

Le savant fou a souvent les cheveux hirsutes, comme Einstein, ou bien il est chauve comme Max Planck. Il porte le plus souvent des lunettes, voire un monocle s'il est sadique, et une blouse blanche destinée non pas à rassurer mais à faire peur. Bien que travaillant toujours à l'avant-garde de la recherche, son laboratoire est souvent situé dans les caves d'un château médiéval. On ne se défait pas comme cela de l'image de l'alchimiste. Ajoutons qu'il possède un regard fiévreux, surtout lors des expériences. Nous renvoyons à la figure de Rotwang dans le *Metropolis* de Fritz Lang qui réunit à lui seul nombre des caractéristiques déjà évoquées.

À tout « saigneur », toute « horreur », commençons par Victor Frankenstein. Il fusionne dans son patronyme tous les archétypes du genre. Il est un condensé de tout ce qui peut conduire un génie au dérapage. Se prendre pour Dieu, vouloir créer la vie et engendrer un monstre. Cela dit, la jeune romantique Mary Shelley s'est inspirée d'éléments bien réels pour créer son personnage. Au début du XIXe siècle, de vrais médecins tentaient des expérimentations électriques sur de vrais cadavres, en toute légalité, au nom de la science triomphante... Pour justifier la série de crimes commis par lui, le monstre aura cette phrase : « Je suis méchant parce que je suis malheureux. » Son créateur aurait pu dire l'inverse pour caractériser sa démarche de démiurge halluciné.

Boris Karloff fut l'interprète privilégié de ces savants fous. Ce distingué sujet britannique – de son vrai nom William Henry Pratt – fit carrière dans les films d'horreur qu'il détestait. Il en serait mort de désespoir. Toujours est-il qu'il arbore à son palmarès la plus grande collection de rôles de détraqués, bricoleurs de cerveaux, de bombes ou de rayons mortels.

Dans un genre assez proche, le docteur Moreau, inventé par H. G. Wells en 1896, se prend lui aussi pour dame Nature en expérimentant ses théories de croisement sur des hommes et des animaux. Tout cela est assez mythologique. Après tout, le centaure était bien une création des dieux grecs. Trois grands acteurs – Charles Laughton, Burt Lancaster et Marlon Brando – se sont glissés dans la peau du médecin dément. Il y a une sorte de parallèle entre le personnage de Mary Shelley et celui de Wells. À la fin de *L'Île du docteur Moreau*, le narrateur est profondément marqué par ce qu'il a vu et son esprit en est durablement ébranlé. «Je ne pouvais me persuader que les hommes et les femmes que je rencontrais n'étaient pas aussi un autre genre, passablement humain, de monstres, d'animaux à demi formés selon l'apparence extérieure d'une âme humaine, et que bientôt ils allaient revenir à l'animalité première, et laisser voir tour à tour telle ou telle marque de bestialité atavique.» Ces deux personnages vont servir de matrice à une longue lignée de savants qui font peur. C'est à leur suite que survient la grande vague des médecins fous. Le docteur Caligari, le docteur Mabuse, le docteur Fu Manchu, le docteur Folamour, autant de dégénérés qui ne rêvent que de crimes ou d'éradication de la race humaine. Seuls la haine, l'imbécillité coupable ou l'appât du gain guident leur sinistre besogne.

Terminons par les moins néfastes. Il s'agit pour les

auteurs de se moquer plus ou moins férocement des travers des savants : le professeur Nimbus, le savant Cosinus, le professeur Tournesol dans les aventures de Tintin, le Newton de la « Rubrique-à-brac » de Gotlib, le professeur Maboulette dans « Les Fous du volant », le professeur Frink dans la série des « Simpson », le docteur Emmett Brown dans *Retour vers le futur*, Gargamel chez Franquin ou Géo Trouvetou dans *Le Journal de Mickey*. L'univers de la bande dessinée et du dessin animé est moins sévère avec les savants. Ils y sont dérisoires et souvent traités par la dérision. La plupart de ces personnages destinés à la jeunesse doivent moins inquiéter que faire sourire. On les moque plus qu'on ne les craint. Alors qu'au cinéma leur nuisance est le plus souvent totale. Le public visé n'est plus le même et le but avoué est de faire peur.

Depuis Frankenstein, le personnage mythologique de référence reste Prométhée. Dans cette longue généalogie des savants fous, le physicien et essayiste Jean-Marc Lévy-Leblond propose une autre figure : Dédale. « Il fut amené à inventer l'aéronautique et, peut-être même, l'astronautique, puisque Icare s'approcha assez du Soleil pour s'y brûler les ailes et devenir la première victime de la course à l'espace. S'il faut saluer son courage et son audace, sa chute n'en est pas moins le symbole de l'imprudence de la technique. » Et de ceux qui l'utilisent...

On a vu que ces héros maléfiques ne sont quelquefois pas si éloignés de la réalité. Ils sont en tout cas le reflet de préoccupations, d'angoisses et de tourments à l'endroit de disciplines que l'on ne comprend pas.

En 2009, des internautes ont répandu le trouble autour du LHC (Large Hadron Collider), le plus grand accélérateur de particules au monde situé sous la frontière franco-suisse. Ils ont laissé entendre que cette machine destinée à reconstituer l'état de la matière dans les premières secondes de l'univers pourrait générer des trous noirs qui engloutiraient la Terre ! Ce n'était plus un scientifique mais des milliers qui étaient désignés – à tort – comme des irresponsables. Cette panique traduit bien le poids du passé sur une partie du grand public toujours méfiant, quelquefois avec raison, envers les chercheurs. Les savants fous, les excentriques, les perturbés, les bizarres, les curieux, les originaux ont cheminé avec l'histoire des sciences. Quelquefois, ils furent parmi les plus prestigieux. Mais reprenons cette folle histoire dès le début, au moment où la science commençait à peine, à une époque où elle ne savait même pas qu'elle existait...

2

Les premiers excentriques

Les Grecs ayant inventé la science, ils eurent les premiers savants fous. Disons des farfelus. Pour l'Occident, la science commence en 585 av. J.-C. Avant cette date on ne se pose pas de questions puisqu'on a toutes les réponses. Les dieux pourvoient à tout et les mythes expliquent le monde. Chaque élément a son dieu tutélaire. Les orages proviennent de la colère de Zeus et les vents de la bonne volonté d'Éole. Pour dissiper la première, il suffit de prier. Pour tout, on s'en remet au ciel ce qui n'empêche pas les marins de naviguer – très bien d'ailleurs – et les astronomes encore très astrologues de prévoir des éclipses. On considère, par exemple, que le propre d'une flèche est de voler pour atteindre la poitrine de l'ennemi. Quant à sa trajectoire, elle ne relève que de l'habileté de l'archer. C'est dans cette absence générale de problématique et de curiosité que survient Thalès de Milet, en Ionie, vers la fin du VIIe siècle av. J.-C. Son questionnement sur la nature du monde provoque « le miracle grec ». Et aussi l'hilarité de sa servante qui le voit tomber dans un puits alors qu'il marchait les yeux levés vers le ciel en se posant des questions auxquelles nous n'avons toujours pas de réponse. « De quoi est fait le monde ? » demande le philosophe. De cette simple interrogation découle toute la pensée occidentale d'où surgira la science. Si Thalès nous a légué un théorème repris par Euclide, on lui doit surtout le premier modèle de la nature avec un univers infini où se trouve une bulle d'air au fond de laquelle flotte une Terre plate. Évidemment c'est rudimentaire, mais c'est à partir de cette construction mentale que la science va se développer. Ce savoir, ou ce qui n'est encore qu'une interrogation sur le savoir, fera l'objet de convoitise et de pouvoir à l'arrivée de Pythagore.

N'oublions pas que le savant marginal et fantaisiste appartient aussi au monde du mystère. Dans sa vie quotidienne, il jongle avec les formes, manipule les chiffres et s'installe dans l'abstrait. Forcément, il doit connaître des secrets. Des énigmes ont dû s'ouvrir à lui. Le savant ne fait alors plus seulement sourire, pas plus qu'il n'inspire du respect. Il inquiète. C'est aussi dans l'Antiquité qu'a pris naissance cette figure du génie inquiétant, proche de Dieu et si loin des hommes. Il s'appelle Pythagore. Tout le monde connaît son théorème. On a en revanche un peu oublié combien il fut adulé et craint. Son œuvre a été source d'inspiration continue du Moyen Âge jusqu'à la Renaissance pour les alchimistes et les adeptes de l'ésotérisme. À quoi cela tient-il ? Au mystère justement. Pour Pythagore, la science appartient aux scientifiques et seuls les adeptes peuvent la comprendre.

« Il est peu d'hommes, même parmi les plus illustres de l'Antiquité, qui aient joui d'une renommée égale à celle de Pythagore, écrit Louis Figuier dans ses *Vies des savants illustres*. Dans les premiers temps de l'ère chrétienne, ce philosophe fut un moment adoré comme un dieu.» Au IIIe siècle, Jamblique considère Pythagore comme un être semidivin qui aurait reçu de l'Olympe les vérités du savoir et les aurait transmises aux hommes. Il aurait également mordu à mort un serpent venimeux... Là encore, il faut admettre avec prudence les éléments biographiques. C'est sur l'île de Samos qu'il aurait vécu les quarante premières années de sa vie avant de s'établir vers 530 av. J.-C. à Crotone, dans le sud de l'Italie. Il serait mort à Métaponte, vers 490 av. J.-C., à un âge assez avancé – quatre-vingts ans – sans avoir jamais rien écrit ! D'autres rares biographes, comme Porphyre de Tyr, rapportent que le savant qui avait horreur des fèves en raison de leur ressemblance avec les testicules de l'homme se serait arrêté net devant un champ de féculents alors qu'il était poursuivi après l'incendie de sa maison. Cette peur du fayot lui coûta la vie. Il aurait été arrêté puis égorgé par ses poursuivants sans avoir rien livré de ses recherches. Pythagore estime en effet que les travaux de sa secte du savoir ne doivent être communiqués qu'aux initiés. Il n'est donc pas question de divulguer quoi que ce soit sur les mystères insondables de la nature au vulgum pecus. Xénophane raconte qu'un jour Pythagore s'emporte devant un chien que l'on bat : « Arrêtez, ne le battez pas... C'est l'âme d'un ami que je reconnais au son de sa voix ! »

Mauvais présage pour la science, mais bon début pour une légende. Pythagore va en effet nourrir quantité d'ouvrages apocryphes censés démontrer l'origine divine de la connaissance. Nous entrons là dans l'idée de la gnose, de l'ésotérisme, de la science cachée et du savoir voilé. Platon ne dit pas autre chose dans sa *République*. « Il est probable que comme les yeux sont attachés à l'astronomie, de même les oreilles sont attachées au mouvement harmonique, et que ces connaissances sont liées l'une à l'autre comme des sœurs, ainsi que les pythagoriciens l'affirment, et nous également. » Dans son enthousiasme, le philosophe n'hésite pas à hisser Pythagore au niveau d'Homère. « Homère passe-t-il pour avoir été lui-même, durant sa vie, le responsable de l'éducation de ceux qui l'ont aimé pour l'avoir fréquenté, et qui ont transmis à la postérité une conduite particulière de l'existence qu'on pourrait appeler homérique, à l'instar de Pythagore qui fut lui-même aimé de manière exceptionnelle pour cette raison ? Ceux qui se réclament de lui, en effet, suivent un mode de vie qu'ils appellent pythagoricien, et ce fait les rend manifestement différents aux yeux des autres. »

La méthode de Pythagore laisse clairement entendre la nécessité que le savoir soit réservé à une élite. On doit quand même à quelques dissidents de son école d'avoir communiqué ce qui s'y tramait, notamment « la mise en nombres » de l'univers. Cette suprématie du nombre permettra de découvrir la gamme musicale. On a aussi accessoirement pu savoir que la Terre est ronde. Pythagore ou plutôt ses disciples marquent ainsi la première coupure épistémologique entre la science et la société. Au XVIIe siècle, Galilée sera responsable de la seconde. Pour Pythagore, la nature telle qu'elle est révélée à un petit nombre est invisible aux autres. Pour Galilée, ce n'est pas l'initiation mais le savoir qui divise. Pour lui, le monde est mathématique. Pour l'explorer, le comprendre et le traduire, il lui faut des outils parfaitement disponibles mais incompréhensibles au plus grand nombre. Entre la réalité de la nature et la manière dont nous la ressentons, le fossé s'avère immense. Après Pythagore qui a volontairement séparé les initiés des profanes en faisant de la science une religion, Galilée marquera cette rupture par l'abstraction mathématique. Ce n'est plus l'initiation qui pose problème mais la difficulté du savoir. Néanmoins, l'idée pythagoricienne d'une connaissance réservée fera son chemin jusqu'au début du XXe siècle. Aujourd'hui encore, quelques pseudo-spécialistes laissent entendre que, dans l'Égypte ancienne, les prêtres savants étaient détenteurs d'une science merveilleuse presque aussi avancée que la nôtre. Un homme tenta de le démontrer avec la force de l'illuminé. L'astronome anglais Charles Piazzi Smyth (1819-1900) pensait que les Égyptiens étaient inspirés par une révélation divine. Pendant tout un hiver, ce savant mesura la Grande Pyramide dans ses moindres détails. Des disciples enthousiastes l'entouraient. En 1864, il livra ses conclusions géométriques stupéfiantes. Le périmètre de la base valait une demi-minute de latitude, ce périmètre était aussi long qu'une circonférence de rayon égal à la hauteur du monument, cette hauteur était le milliardième de la distance de la Terre au Soleil. Smyth voulait tellement faire entrer les faits dans sa théorie qu'il n'hésita pas à modifier les preuves comme en témoigna l'égyptologue anglais Sir Flinders Petrie (1853-1942) qui trouva Smyth « essayant de limer la saillie granitique de l'antichambre royale de la pyramide de Khéops afin de la ramener aux dimensions requises par sa théorie ».

Mais nous n'en sommes pas là au moment où Pythagore installe son magistère occulte. Dans l'Antiquité, la science et la philosophie sont intimement mêlées. L'idéal de la démonstration ne forme pas le socle indiscutable de la connaissance scientifique. On ne fait pas de distinction entre les sciences que nous qualifions aujourd'hui d'exactes et la médecine par exemple. La science avance cahin-caha entre le sûr et le probable. Dans sa *République*, Platon juge les mathématiques inférieures à la dialectique. Un penseur est forcément un savant qui se pique de comprendre et d'expliquer le monde. La philosophie est d'ailleurs considérée comme la science suprême, celle « des premiers principes et des premières causes ». Difficile dans ce mélange des disciplines de repérer le savant fou puisque le savant, tel que nous l'entendons aujourd'hui, n'existe pas. Dans l'Antiquité, la science est partie prenante de la totalité de la réflexion sur le monde. Elle ne constitue qu'un élément parmi d'autres de la connaissance et ne se distingue pas elle-même comme une discipline en soi. Les personnages fantasques sont donc nécessairement aussi des philosophes bizarres. À cette époque on découvre la nature, on n'a pas encore envie de la dominer. Le savoir est trop balbutiant pour être autoritaire. Il se cherche dans les palabres plutôt que dans la méthode.

Dans son *Histoire de la science* publiée en 1945, Pierre Rousseau en veut beaucoup aux raisonneurs, aux sophistes, aux coupeurs de cheveux en quatre et à la plupart des philosophes, Platon en tête, de n'avoir pensé le monde qu'en paroles et si peu en expériences. « Il est assez curieux de constater que la science grecque antique a fleuri aux quatre coins de la Méditerranée, et que le seul pays qu'elle n'ait qu'à peine effleuré n'est autre que la Grèce elle-même. » Alors que Sophocle, Euripide, Aristophane, Hérodote ou Xénophon font la richesse d'Athènes, Thalès est en Ionie, les pythagoriciens en Italie et Hippocrate à Cos. Les philosophes retravaillent les mythes plutôt que les faits. Les savants sont tenus à la périphérie de ce monde intellectuel qui reprend contact avec la spiritualité au travers de Confucius, Bouddha, Ézéchiel ou Zoroastre qui apparaissent tous en ce VIe siècle avant notre ère.

L'Antiquité nous réserve tout de même quelques personnalités intéressantes qui, si elles n'entrent pas toutes dans la catégorie des savants fous, relèvent de la belle excentricité. Empédocle d'Agrigente qui vécut probablement entre 490 et 435 av. J.-C. est de celle-là. Nietzsche qui s'y connaissait en caractères originaux et en folie le considérait comme « la figure la plus bariolée de la philosophie ancienne ». Hölderlin, autre grand et génial perturbé, consacra un poème tragique à sa mort. Il faut dire qu'elle est peu commune. Cet homme qui se prenait pour un prophète – on le surnomma « le jacobin mystique » – et qui élabora une cosmogonie régie par l'amour et la haine se jeta dans l'Etna. Pour preuve, il aurait abandonné une de ses sandales sur le bord du cratère. Une autre légende raconte que c'est le volcan qui aurait recraché la chaussure. Même si cette histoire est réfutée par le géographe et historien Strabon, il faut bien admettre qu'on ne prête qu'aux riches. Et en matière d'excentricité, Empédocle était bien pourvu. Dans son système où l'amour rapproche même le dissemblable et la haine sépare le plus lié, cet important auteur présocratique considérait que nous étions entrés dans une phase de progression de la haine. Mais ce rêveur fut surtout un voleur de feu, un poète ardent fasciné par la puissance des fournaises de l'Etna au point de s'y précipiter.

La vie d'Archimède de Syracuse ne nous est pas plus connue. On estime que cet Homère de la science vécut entre 287 et 212 av. J.-C. Hormis son père Phidias qui était astronome, on ne sait rien sur sa famille ni même s'il avait femme et enfants. En revanche, ses travaux en mathématique et en géométrie dénotent un savant de grande envergure qui possède la notion du calcul infinitésimal dix-huit siècles avant que Leibniz la redécouvre. Mais la postérité a retenu l'anecdote propagée par l'architecte romain Vitruve. Le savant n'a alors que vingt-deux ans, mais il est déjà le conseiller scientifique du roi Hiéron II de Syracuse. Alors qu'il se rend au bain public, Archimède réfléchit à un problème que lui a soumis le monarque pour savoir si les bijoux qu'on lui a offerts sont bien en or ou, comme c'était le cas le plus souvent, un mélange d'or et d'argent ou du plomb plaqué or. En entrant dans son bain, il observe que le niveau de l'eau s'élève d'autant plus qu'il s'immerge lui-même plus profondément. Le savant envisage alors de mesurer le volume d'une couronne par immersion dans l'eau puis de la peser, afin de comparer sa masse volumique à celle de l'or massif. Il en déduit le principe de base de l'hydrostatique : tout corps flottant déplace une quantité de liquide égale à son poids, alors que tout corps immergé déplace une quantité de liquide égale à son volume. Tout à sa joie d'avoir trouvé la solution, il sort de son bain pour faire irruption, nu comme un ver, dans les rues de Syracuse en lançant *Eurêka*, « J'ai trouvé » en grec.

Nous ne sommes pas là dans un cas de folie, sinon de folie douce, disons de fantaisie. En tout cas, la légende du savant chenu perdu dans ses pensées en oubliant même jusqu'à son corps a traversé les siècles. Mais la mort de ce grand esprit qui a inventé la poulie, la roue dentée, la vis sans fin et qui aurait conçu les fameux miroirs pour concentrer les rayons du soleil contre la flotte romaine lors de l'attaque de Syracuse – fait aujourd'hui très contesté – est à l'aune de cette image de chercheur distrait. Selon Plutarque, il a placé tout de même son génie au service de Hiéron, pour repousser l'attaque romaine en mettant au point de puissantes machines. « Les fantassins romains furent accablés d'une grêle de projectiles de toutes sortes et d'une masse énorme de pierres qui s'abattaient sur eux avec un fracas et une vitesse incroyables. » Après plusieurs années de siège, les Romains s'emparent de Syracuse en 212 av. J.-C. en profitant d'une journée nuageuse. Le général Marcus Claudius Marcellus avait entendu parler du savant et souhaitait l'épargner. Mais, toujours selon Plutarque, un soldat romain croise Archimède dans la ville alors que celui-ci trace des figures géométriques sur le sol, « la pensée et le regard absorbés». Tout à ses figures et à ses calculs le savant lui aurait lancé : «Ne dérange pas mes cercles!» En retour, le soldat aurait tué d'un coup d'épée le vieillard de soixante-quinze ans. «D'après d'autres récits, raconte Plutarque, le soldat se présenta tout de suite, l'épée nue, pour le tuer; Archimède, en le voyant, le pria et le supplia de lui accorder encore un peu de temps, pour ne pas laisser sa recherche inachevée et insuffisamment approfondie; mais le soldat ne voulut rien entendre et le tua. Il y a encore une troisième version des événements. Archimède apportait à Marcellus certains instruments de mathématiques, cadrans solaires, sphères et équerres, qui lui permettaient de représenter aux yeux, de manière concrète, la grandeur du Soleil. Des soldats le rencontrèrent et, se figurant qu'il transportait de l'or dans cette caisse, le tuèrent.» Marcellus lui fit de grandes funérailles et dresser un tombeau décoré d'une sphère et d'un cylindre de pierre représentant les travaux du disparu, tombeau que Cicéron prétendra avoir retrouvé deux siècles plus tard.

Avec Archimède, nous avons le premier cas connu du savant qui travaille pour le pouvoir, l'inventeur de catapultes sophistiquées, de leviers et de systèmes de poulies pour haler les navires, qui aurait lancé : «Donnez-moi un point d'appui et je mettrai la Terre en mouvement.» Et puis, il y a ces fameux miroirs ardents qui font penser au rayon de la mort que Tesla pensera avoir découvert au début du XXe siècle et pourquoi pas aux physiciens qui participèrent à l'élaboration de la bombe atomique.

Qu'allait-il faire dans cette baignoire? On ne peut

s'empêcher de poser la question. Car de cette anecdote, vraie ou fausse, durablement installée dans l'histoire, découle la légende du physicien illustre perdu dans ses pensées mais que ses pensées peuvent perdre aussi. Le cas d'Archimède nous rappelle que le savant est capable de construire des machines de guerre, des engins destructeurs au grand désespoir de Platon qui considérait que l'homme de science devait le moins possible mettre la main à la pâte et demeurer le plus possible dans le domaine des « choses intellectives et incorporelles ». Il dessine l'image du savant qui se situe à la marge du monde, hors de lui comme pour mieux l'observer. Il s'ensuit une figure de personnage distrait, un peu fantasque, à qui l'on pardonne volontiers ses absences en raison de son génie.

Archimède disparu, la science s'installe à Alexandrie jusqu'à l'annexion par Rome. N'ayant pas eu de savants dignes de Thalès, Pythagore, Hippocrate, Euclide ou Archimède, les Romains n'ont pas laissé de traces des savants sinon un peu fous, du moins bizarres. Au contraire, la curiosité s'essouffle. Le sage Ptolémée instaure un système astronomique stable mais faux qui durera jusqu'au XVIe siècle. L'Orient reprend cette science balbutiante mais prometteuse laissée en jachère par l'Occident. Les Arabes se font les propagateurs et les commentateurs de cette étincelle grecque. La civilisation byzantine fait le lien entre la culture antique et l'intelligence arabe. En Occident, une longue nuit recouvre la science qui se rapproche des pythagoriciens, de l'alchimie, de l'hermétisme et de la magie. Scientifiquement parlant le Moyen Âge s'annonce vraiment très moyen. Et pourtant...

3

Les farfelus gothiques

Dans sa prison, Roger Bacon pense. Il pense à tout ce qui lui reste à inventer. Il a pourtant déjà imaginé pas mal de choses dans sa cellule, à l'abri d'un monde qui ne veut plus de lui. « On peut fabriquer des instruments de navigation qui rendent inutiles les rameurs de telle sorte que les plus grands navires, avec un seul capitaine, pourraient aller plus vite que s'ils étaient pleins de rameurs. On peut faire des chars qui marcheraient sans animal avec une pulsion sans limite. On peut faire des machines volantes avec un homme assis au milieu qui en tournant un engin ferait frapper l'air par des ailes artificielles à la manière d'un oiseau. » On se croirait chez Jules Verne. Or nous sommes en plein XIIIe siècle ! La théologie s'est organisée comme la science infuse. Thomas d'Aquin a concilié Aristote avec la Bible et tout ce qui s'écarte de cette union sacrée devient blasphème. Le cachot s'impose comme le laboratoire des savants qui s'écartent du droit chemin tracé par l'Église.

Surnommé « le Docteur admirable », le franciscain Roger Bacon est pour son époque un esprit novateur et curieux, un personnage étrange et encyclopédique qui pratique le grec, l'arabe, l'hébreu et le chaldéen. Il n'est pas étonnant qu'Umberto Eco y fasse référence dans *Le Nom de la rose*. Évidemment un tel puits de science inquiète les autorités religieuses. D'autant qu'il mélange assez allègrement les prières et les hallucinations. De sa tour d'ivoire, il ne se prive pas de flinguer les personnages les plus considérables de son époque, c'est-à-dire Thomas d'Aquin et Albert le Grand. « Ce qui ruine la science en ce temps-ci, c'est que, depuis quarante ans, on a vu surgir dans l'enseignement des gens qui n'ont jamais rien appris qui en valût la peine. Tels sont Albert et Thomas. » Frère Roger Bacon n'est pas conciliant avec les représentants de la pensée officielle. Ce solitaire au savoir surprenant ne manque pas d'orgueil et il se répand volontiers pour critiquer ses contemporains. « Tous les modernes, sauf quelques exceptions, méprisent les sciences, et surtout ces théologiens nouveaux, les chefs des Mineurs et des Prêcheurs, qui se consolent de leur ignorance en étalant leur vanité aux yeux d'une multitude imbécile. » Pour bien comprendre la situation, précisons que l'homme qui écrit ces lignes est un frère mineur et qu'il s'en prend donc ouvertement à sa hiérarchie. Cette attitude lui attire de nombreuses inimitiés, mais aussi quelques admirateurs.

Roger Bacon a beau être un grand lecteur d'Aristote et un promoteur de la méthode expérimentale, il passe pour un alchimiste, un faiseur de sortilèges, un sorcier. Ce savant né à Ilchester, en Angleterre, dans le comté de Somerset en 1214, a étudié à Oxford et à Paris et il s'est mis en tête de réorganiser l'état des connaissances de son temps. « Jamais il n'y a eu d'aussi belles manifestations de la science, ni de zèle aussi prononcé pour l'étude. » Ce frère mineur qui travaille « pour l'Église de Dieu et pour la république des croyants » dépense beaucoup de temps et d'argent pour mener ses expériences et faire des découvertes. Au début, ce sont ses pairs qui lui ont demandé de s'atteler à un tel projet. Mais devant les portes ouvertes par cet esprit multiple, le doute fit place à l'enthousiasme. Roger Bacon a-t-il bien toute sa tête ?

Rappelons que la notion de science se fond à l'époque dans la philosophie, elle est même intégrée à la religion. Ceux qui étudient sont des clercs. Ils appartiennent au clergé. On parle non pas d'histoire naturelle, mais de magie naturelle. La frontière entre la chimie et l'alchimie est illusoire. La science tout entière baigne dans le spirituel. « Ce qui ruine la science en ce temps, c'est que depuis quarante ans on a vu surgir dans l'enseignement des gens qui se sont créés eux-mêmes maîtres et docteurs en théologie et en philosophie... » Avec de tels propos, Roger Bacon ne s'attire pas que des amis. Il en rajoute dans un passage de l'*Opus minus*, l'un de ses nombreux ouvrages où il consigne ses découvertes. Roger Bacon va donc faire comme bon lui semble. Le savant excentrique devient fou pour les autres. Il s'adresse même au pape pour lui expliquer qu'il est un savant particulier. Roger Bacon fait appel aux plus hautes intelligences pour justifier sa différence. « Interrogez les plus sages, consultez les chefs de la sagesse, Albert et Guillaume de Sherwood [ce dernier est un maître ès arts de Paris, bien plus savant que lui] ; et ils ne pourront dans le même temps vous satisfaire ; que dis-je, je connais bien leur science : ils sont incapables de jamais s'élever aux connaissances dont je vous parle. » Il est vrai que Roger Bacon possède une certaine avance sur son temps. Il est le premier à étudier l'action des lentilles et des verres connexes, à inventer les lunettes pour les presbytes et il décrit avec précision le mécanisme de l'œil, ce qui le fait considérer par quelques historiens des sciences comme l'un des fondateurs de l'optique médicale.

Comme on ne prête qu'aux riches, Roger Bacon qualifié de « prince de la pensée au Moyen Âge » par Renan se voit attribuer quantité d'inventions : la pompe à air, le télescope et la poudre à canon – que les Chinois connaissaient déjà mais qu'il décrit assez précisément dans l'un de ses ouvrages. « En prenant une petite quantité de cette matière, comme une pincée, on produit un formidable bruit, une lumière éblouissante, et cela on l'obtient de bien des manières. On pourrait par là détruire des villes et des armées. »

Roger Bacon passe également, à juste titre, pour l'un des plus grands linguistes de son époque. Il considère que la connaissance des langues et des grammaires augmente la connaissance générale du monde puisque le savoir s'exprime aussi par des mots. Tous les domaines, des mathématiques à l'alchimie, sont explorés par ce personnage hors norme qui finit par inquiéter les autorités religieuses, à commencer par le ministre général de l'ordre franciscain qui le fait emprisonner une dernière fois pour « certaines nouveautés suspectes ». Ses ouvrages où se trouveraient des notions jugées « dangereuses » sont eux aussi condamnés. Roger Bacon est incarcéré pendant quinze ans et on enchaîne ses livres aux tablettes de la bibliothèque des cordeliers d'Oxford, où ils sont rongés par les vers. Il n'est relâché qu'en 1292, accablé d'infirmités, et vient mourir à Oxford deux ans après sa remise en liberté, en 1294.

Louis Figuier n'a pas de mots assez généreux pour qualifier cet homme qu'il considère comme l'esprit le plus puissant du Moyen Âge. « Roger Bacon passa une grande partie de son existence emprisonné, tantôt dans une cellule, où, soumis à une surveillance sévère, il ne pouvait ni écrire, ni calculer, ni tracer des figures de géométrie, sans éveiller des soupçons qui motivaient une nouvelle aggravation de peine ; tantôt dans des cachots, où les plus lâches et les plus indignes traitements lui étaient infligés comme à un malfaiteur de la pire espèce. » Nous sommes là en présence non pas du savant fou, mais du savant qui fait peur parce qu'on ne saisit pas le sens de ses travaux. Dans sa fameuse *Lettre sur les œuvres secrètes de l'art et de la nature et sur la nullité de la magie (Epistola de secretis operibus et de nullitate magiae)*, le moine franciscain s'impose pourtant comme un précurseur de Léonard de Vinci avec ses bateaux sans rameurs, ses automobiles et ses avions.

On comprend que de tels écrits aient fait passer le savant pour fou, sinon pour dangereux. Avec celui qui se disait lui-même « très savant en toutes sciences », le savoir vibre aux frontières du merveilleux. Il s'en prend volontiers à la « bêtise » ou à la « frivolité » de ses contemporains. « Parce que les choses sont au-dessus de votre intelligence, vous les appelez œuvres du démon. Les théologiens et les canonistes dans leur ignorance les abhorrent comme des productions de la magie. »

Roger Bacon appartient au petit groupe qui s'oppose à ceux que Pierre de Maricourt nomme les « inquisiteurs débiles de la vérité ». Il a été l'élève de cet autre savant qui cultive la science expérimentale contre les « idiots » et les « ânes » qui se revendique d'Aristote. « S'il m'était donné de disposer des livres d'Aristote, je les ferais brûler, car cette étude ne peut que faire perdre du temps, engendrer l'erreur, propager l'ignorance au-delà de tout ce qu'on peut imaginer. » Ce personnage énigmatique dont on sait peu de choses sinon l'éloge qu'en fait Bacon aurait travaillé sur le magnétisme, sur l'observation des serpents pour prolonger l'existence humaine et sur un prototype de miroir encore plus puissant que celui qu'on avait attribué à Archimède. Avec lui, Roger Bacon fait le lien entre cette science expérimentale et le travail manuel. Il jette un pont vers ce qui constitue la grande gloire du Moyen Âge : les ingénieurs.

Au XVIIIe siècle Roger Bacon devient la coqueluche des philosophes des Lumières. Voltaire, Diderot et d'Alembert en font un génie, un homme qui avait déjà dans sa tête la voiture automobile, la cloche à plongée, les ponts suspendus et les bateaux à vapeur. Les textes exhumés en témoignent : Roger Bacon était surtout un formidable rêveur qui avait transformé la paille humide de son cachot en or selon Voltaire. Goethe sera émerveillé par cet homme qui parlait de voitures sans chevaux...

Alors la longue nuit médiévale... Dans cette période de tâtonnement, d'illusions, de peurs et de sorcières, du faux pouvait surgir l'inattendu. Le tour de la Terre était établi à vingt-huit mille kilomètres, au lieu des quarante mille. Sur cette erreur on échafauda le tableau des longitudes et des latitudes. Et c'est en grande partie parce qu'il pensait avoir une distance moins importante à parcourir que Christophe Colomb découvrit l'Amérique...

4

Médecins de la Renaissance

La Renaissance voit l'avènement d'un type particulier de savant : le médecin universel. Pour soigner leurs clients, ces thérapeutes globaux doivent accumuler des connaissances dans de nombreuses disciplines, ainsi que l'a expliqué l'astrophysicien et historien Pierre Rousseau. « Instruits en zoologie et en anatomie pour les nécessités de leur profession, ils devaient, en outre, connaître les mathématiques et l'astronomie pour en déduire les influences célestes, les langues anciennes pour pouvoir lire Aristote, Hippocrate et Galien, la physique et la métaphysique pour apprendre la cause des maladies, et la botanique et l'alchimie pour fabriquer des remèdes. » C'est donc parmi ces étranges médecins omniscients que se trouvent nos excentriques savants de la Renaissance. La période est propice aux génies et aux fous. Elle s'écoule politiquement dans le faste et les turbulences. Scientifiquement, c'est le temps des intuitions, des invraisemblances et des contradictions. Les idées fusent d'un peu partout et se mélangent pour le meilleur et pour le pire. Autour de la vieille scolastique, des personnages rôdent en proposant d'autres perspectives, sous le manteau, à l'abri des regards courroucés des hommes d'Église. Paradoxe d'un temps qui n'en manque pas, celui qui sait doit faire savoir qu'il sait en sachant que ce savoir serait meilleur s'il était caché...

Un homme incarne presque parfaitement cet esprit. Il est né la même année que Rabelais et, comme lui, il est médecin. Il est suisse et s'appelle Theophrast Bombast von Hohenheim (1493-1541). On le connaît davantage sous le surnom immodeste qu'il s'est donné en hommage au médecin du siècle d'Auguste, Celse : Paracelse. Pour Giordano Bruno, il est le premier à avoir « considéré la médecine comme une philosophie ». Il établit un pont entre les connaissances, quitte à joyeusement les mélanger. Il s'en fabrique une sorte d'image de sage. Un sage qui n'hésite pas tout de même à brûler publiquement les ouvrages de Galien et d'Avicenne pour bien montrer qu'il les avait dépassés. « Ma barbe a plus d'expérience que toutes vos grandes écoles », écrit-il dans le *Paragranum.* Dans sa ferveur, il se propose de vulgariser l'hermétisme et la kabbale. Du savant au gourou, l'image se brouille. Paracelse, l'homme de la nuit, se comporte comme un messager des étoiles.

Au XIXe siècle, l'historien des sciences et biographe Ferdinand Hoefer raconte « un homme qui, tantôt dévoué au progrès absolu de la science, proclame l'autorité absolue de l'expérience et qui tantôt, comme un aliéné, semble converser avec les démons, un homme enfin qui à jeun le matin et ivre le soir, enregistre exactement toutes les idées comme elles se présentent à son esprit». Docteur Para et Mister Celse ne forment qu'un seul et même individu tourmenté.

Bien sûr Paracelse possède une connaissance précise des sciences de son temps, mais il les confirme avec des erreurs graves, principalement pour affirmer sa position de savant universel. Dans son esprit, la magie, l'alchimie et l'astrologie se mêlent à la médecine, à la chimie et à l'astronomie. Tout participe à la connaissance du singulier. Ainsi il considère, comme tant d'autres à l'époque, l'influence des planètes sur la naissance et sur les «maladies invisibles» qui relèvent du psychisme.

En revanche Paracelse oriente l'alchimie perdue dans l'impossible transmutation des métaux vers la thérapeutique. En fait vers l'établissement des médicaments. Le médecin astrologue pharmacien philosophe se perd dans la confusion des notions et se rêve d'être un monde à lui tout seul, soigneur universel de l'Homme souffrant. D'ailleurs, dans l'univers de Paracelse, l'homme est une sorte de résumé de l'univers, un extrait du monde, le microcosme du cosmos.

Les romantiques, Hoffmann en tête, l'ont classé dans la catégorie du médecin maudit, génie errant, ivre et persécuté, personnage fantasque qui délivre son savoir la nuit tombée à des disciples terrorisés en faisant des moulinets avec une épée soi-disant volée à un bourreau. Robert Halleux, spécialiste des alchimistes, a expliqué comment le IIIᵉ Reich accrocha cet étrange sorcier à son tableau de chasse idéologique. «Il n'en fallut pas plus pour que Paracelse obtienne une place de choix dans le panthéon nazi, et de 1936 à 1945 on épingla son rejet des Grecs et des Latins, ses attaques contre les nantis, son mépris des Juifs et des Arabes, son retour à la nature et son paganisme foncier. » Ce Luther des enfers s'installa durablement dans ce barnum ésotérique et nauséabond avant qu'on ne découvre quelques vertus aux travaux novateurs de ce grand allumé du savoir total, humaniste vagabond qui avançait sur les chemins tortueux de la connaissance, guidé par sa foi, sa chimie et sa médecine. « Après ma mort je serai là, plus encore qu'avant, pour vous juger. Et si vous dévorez mon corps, vous n'aurez dévoré que de la boue... »

Un autre médecin fait partie de ces « illuminés » que n'aurait pas reniés Nerval. C'est un Italien. Au début de la Renaissance, c'est dans ce pays que se situe le renouveau des sciences. Galilée reste l'homme qui a fait passer la science dans son âge moderne en démontrant le système héliocentriste, mais surtout en posant les fondements de la dynamique et de la relativité. Avec lui, la science devient expérience, justification et surtout mathématisation. Il opère une véritable coupure épistémologique. Pour comprendre la manière dont la nature fonctionne, l'homme doit comprendre les mathématiques.

Un médecin très particulier a fait avancer ces mathématiques. Il les a en partie utilisées pour assurer son penchant pour le jeu avant que le domaine des probabilités existe. Jérôme Cardan (1501-1576) est en effet un joueur invétéré. Cartes, échecs, rien ne l'effraie. Autant le gain le transporte, autant la perte le rend mauvais. Car non content de bricoler avec le hasard, Cardan poursuit un compagnonnage indéfectible avec la boisson.

Jérôme Cardan est donc le premier grand mathématicien dérangé de notre histoire marginale des sciences. Cet Italien génial a tous les dons : médecin, mathématicien, astrologue, physicien, philosophe, inventeur. Il est aussi très chaotique sur le plan personnel. Il pense avoir le don de divination et croit en l'intervention des démons dans la vie quotidienne. Ce passionné d'échecs s'adonne volontiers à la magie et à la perversion sexuelle liée à une impuissance dont il parle sans vergogne, impuissance qui ne l'empêchera pas d'avoir des enfants... Bref c'est un homme de son temps : baroque, flambeur, hérétique et menteur.

Si l'homme a légué à la postérité un système de suspension qui porte son nom, son existence a sérieusement manqué d'équilibre. Sans doute cela s'explique-t-il par son histoire familiale : une mère qui ne voulait pas de lui et qui tenta d'avorter, un père juriste et mathématicien intraitable sur le plan de la morale et de l'autorité, une enfance malheureuse avec des corrections fréquentes, un physique peu avenant, mais un vrai don pour les chiffres. Après des études de médecine et de mathématiques à l'université de Pavie, il erre, d'université en université, à la recherche d'un poste. À la mort de son père, Jérôme se sent libre. Il dilapide au plus vite son héritage dans le jeu. Les cartes, les dés et les échecs sont sa passion. Il ne s'en cache pas. Sa réputation de bagarreur, sa vie en bâton de chaise et ses rapports compliqués avec les femmes l'empêchent, malgré ses diplômes, d'obtenir un poste à la faculté de médecine de Milan. Il devient médecin de campagne et se marie avec la fille d'un capitaine de la milice, qui lui donne deux fils. Pour compléter ses maigres honoraires, il joue, toujours plus, jusqu'à mettre en gage les bijoux de son épouse.

La chance finit par tourner. La Fondation Piattu lui confie un poste de professeur de mathématiques. Parallèlement, pour compléter ses revenus, il poursuit son activité de médecin et n'hésite pas, histoire de se mettre un peu plus de gens à dos, à s'en prendre à ses confrères dans un pamphlet. « La réputation d'un médecin d'aujourd'hui ne vient pas des soins qu'il apporte à ses patients, ni des guérisons qu'il obtient chez ses malades, mais tient à ses belles manières et à son beau langage, à ses relations mondaines, à la livrée de ses domestiques, à la somptuosité de sa voiture, de ses vêtements, à son élégance, bref à tout ce qui est artificiel et sans valeur dans le domaine de la santé. »

Le démon du jeu le reprend. Il met au point des martingales pour gagner à coup sûr et il perd. Il devient violent, sort le poignard pour un oui ou pour un non, fréquente les milieux interlopes et les filles de joie auxquelles il confie son étrange impuissance. Quelques guérisons spectaculaires lui assurent une réputation de médecin prodige dans la bourgeoisie milanaise et quelques rétributions. Il joue aux échecs, soigne un peu et publie de nombreux ouvrages de vulgarisation dans lesquels il expose les méthodes de résolution des équations du 3e et du 4e degré. Il équipe le carrosse impérial de Charles Quint d'une suspension composée de deux arbres dont le mouvement de roulement évite qu'il ne bascule. Il publie l'horoscope du Christ, ce qui déplaît à l'Église, laissant croire que le destin de Jésus était soumis à l'influence du mouvement des planètes. Ses excentricités ne lui attirent pas que des amis. Cardan s'en moque. Il ne supporte pas qu'on mette en doute ses prédictions. Dans un ultime geste de forfanterie, il annonce sa mort le 21 septembre 1576. Ne voyant rien arriver, et pour ne pas perdre la face, certains prétendent que ce joueur se serait suicidé plutôt que de perdre son pari.

S'il a bien été un grand mathématicien en apportant de nouveaux résultats en algèbre, sa gloire repose en partie sur un plagiat. Jérôme Cardan publie la solution des équations du 3e et du 4e degré en 1545 dans son *Ars Magna.* Seulement, quelques années auparavant, Scipion del Ferro (1465-1526), professeur de mathématiques à Bologne, l'avait transmise à l'un de ses étudiants, Antonio Maria Fior. Au même moment, un autre mathématicien, Niccolo Fontana (1499 ou 1500-1557), dit Tartaglia, «celui qui bégaye» en italien, avait lui aussi résolu le problème. Fior et Fontana s'affrontèrent à coups d'équations le 12 février 1535 et le bègue sortit vainqueur du tournoi. Apprenant cette victoire, Cardan envoie à Tartaglia une lettre lui demandant la solution en échange d'une recommandation auprès d'un protecteur. En 1539, Tartaglia cède. Lors d'une entrevue à Milan, il lui donne la solution sous la forme d'un poème crypté, à la condition expresse que Cardan s'engage à ne jamais la publier. Bien sûr Cardan n'en fait rien. Sa démonstration a beau être plus élégante, elle n'est pas originale. Cardan passe pourtant assez vite du temple de la gloire aux marches des gémonies, à cause de son démon du jeu et son admiration pour l'empereur fou Néron.

Dans ses travaux sur les rapports entre la science et la tradition hermétique, l'historienne britannique Frances Amelia Yates a pointé des coïncidences intéressantes et dérangeantes, considérant que « le mage de la Renaissance est l'ancêtre immédiat du savant du XVIIe siècle ». Elle a bien vu la part de sacré qui se nichait dans le profane. « Cette vision magique du monde inclut un usage opératif du nombre, et fait de la mécanique une branche de la magie mathématique. Le mouvement hermétique a ainsi favorisé les véritables sciences appliquées, notamment la mécanique, que Campanella allait un peu plus tard qualifier de "vraie magie artificielle". »

Paracelse et Cardan, par leurs excès et leur orgueil, incarnent bien la science de ce siècle d'or qui se cherche et tente de saisir tout ensemble Dieu et la Nature, de concilier l'irrationnel et le rationnel, de jouer avec le feu du savoir en se brûlant à celui de la magie. Un homme va dépasser tout cela, un homme qui pourtant aura lui aussi son côté obscur : l'immense Isaac Newton.

5

L'étonnant Newton

Londres, 1936. Chez Sotheby's, un homme vient d'acquérir aux enchères une partie des manuscrits de Newton. Il s'appelle John Maynard Keynes. Le grand économiste de la crise de 1929 a engagé son nom et sa fortune pour que ces documents ne quittent pas l'Angleterre. Quelques semaines plus tard, il plonge dans ces textes et ce qu'il découvre le stupéfie. Une grande partie des manuscrits concerne non pas la physique ou la mécanique, mais la théologie et l'alchimie... Newton, le grand rationaliste, avait donc son côté obscur. Il avait passé des années sur la transmutation du mercure, les bricolages alchimiques et la réinterprétation des Écritures, annonçant par exemple pour l'an 2060 la fin du pouvoir temporel des papes. Il n'hésitait pas à se prendre pour le messie d'une nouvelle science de la nature. Dans un premier temps, devant cette révélation, Keynes fait profil bas. Pas question d'écorner une gloire nationale par ces écrits mystiques et ésotériques. Pourtant, aujourd'hui, une telle disposition ne surprend pas. Depuis les travaux de quelques puissants historiens comme Charles Morazé, on sait que le rationalisme a fait ménage, pas toujours bon d'ailleurs, avec l'irrationnel et le sacré. Il y aurait même comme un équilibre à assurer entre ce qu'on sait et ce qu'on ne sait pas. Car ce qu'on sait se résume le plus souvent à ce qu'on croit savoir, même si on l'a démontré, jusqu'à ce que quelqu'un prouve le contraire.

Donc Newton n'était pas l'homme pétri de cette évidence rationnelle avec laquelle on a modelé sa statue. Derrière le savant, il y avait l'homme. Et l'homme en question n'était pas aussi simple qu'une équation gravitationnelle. Solitaire, exigeant, hautain, il se comportait souvent comme un despote. La raison c'était lui, l'erreur c'étaient les autres ! Il a d'ailleurs passé une grande partie de sa vie à corriger les approximations de ses confrères. C'est comme cela qu'il trouva le principe de la gravitation. En pointant les défauts dans les théories de ses collègues. Ceux-ci hurleront au plagiat alors que Newton n'avait fait qu'améliorer leur intuition et leur donner le poids indubitable de la théorie. C'est cet homme orgueilleux comme le sont souvent les timides qui, en seulement deux ans, dans son manoir de Woolsthorpe, à une bonne centaine de kilomètres de Londres, découvre la gravitation, invente le calcul infinitésimal et propose une théorie cohérente de la lumière !

« Au début de l'an 1665, j'ai trouvé la méthode des séries approximatives. En mai, j'ai découvert la méthode des tangentes de Gregory et Slusius et en novembre j'avais la méthode directe des fluxions. L'année suivante, en janvier, j'avais la théorie des couleurs et en mai j'avais la clé de la théorie inverse des fluxions. Et la même année, je commençais à penser à étendre la gravité à l'orbite de la Lune... Tout cela se passait durant la grande peste de 1665-1666. Car dans ces années-là j'étais dans la fleur de l'âge en ce qui concerne mes inventions et mes réflexions en mathématiques et philosophie. » Parallèlement, et cela Newton omet de le dire, il avale toutes sortes de produits, y compris du mercure, dans le but de ses expérimentations chimiques... Et il progresse dans sa lecture de la Bible et des relations qui se tissent entre science et foi. Au fond de lui, il est persuadé qu'il sera reconnu pour sa théologie plutôt que pour sa physique...

Keynes est donc subjugué par ce qu'il découvre. L'homme qu'il plaçait au-dessus de tout, le savant sans défaut qui se disait juché sur l'épaule de géants, le plus grand esprit de l'époque avec Galilée et Kepler, ne s'était pas dessaisi de quelques fantaisies religieuses. Il bricolait même du côté du lion vert, symbole du régule d'antimoine et signe alchimique d'une puissance d'attraction, en appartenant à la société clandestine des alchimistes anglais.

L'intéressant dans cette affaire, c'est que Newton n'a jamais considéré s'être fourvoyé intellectuellement. Au contraire. Il voyait même dans cette volonté de comprendre les étapes chimiques qui transforment les corps et les matières une sorte de cohérence aventureuse qu'il dissimulait tout de même de ses écrits publics. Politiquement et religieusement, il était plus prudent. Il savait que ses textes pouvaient se retourner contre lui et lui valoir le bannissement. L'Angleterre ne plaisantait guère avec ce genre d'incursion sur les territoires de l'ésotérisme, même si l'Église anglicane était plus tolérante que la catholique dans ce domaine.

Newton, l'enfant mal-aimé et solitaire, a fait du chemin depuis qu'il s'est installé à Trinity College, à Cambridge, ce 5 juin 1661 avec pour viatique un cadenas pour fermer son bureau, de l'encre, quelques plumes, un carnet, des bougies et un pot de chambre. Ce jeune homme n'oublie pas qu'il est pauvre dans cette petite société de riches, que son père mort trois mois avant sa naissance était illettré et qu'il lui faudra se battre pour parvenir au sommet et changer la vision de son temps en bouleversant la physique. D'ailleurs, il ne riait jamais. Une seule fois, il éclata de rire lorsqu'un des étudiants lui demanda ce qu'il comptait faire des *Éléments* d'Euclide qu'il tenait à la main...

Un peu névrosé, très lunatique Newton étudie chaque matière à fond. Il s'y enfonce au point d'oublier le boire et le manger. Et il finit par devenir l'un des savants les plus illustres. En 1669, Isaac Barrow lui propose de reprendre la chaire de mathématiques au Trinity College qu'il abandonne. Newton accepte. Il continue de travailler seul, fait cours quelquefois devant une salle vide, mais poursuit sans relâche ses travaux, se méfiant de ses collègues, de la notoriété, de la société, tout en se considérant, à raison, comme le plus grand savant d'Europe. Nous sommes encore à une époque où un esprit supérieur peut véritablement embrasser l'ensemble des connaissances. La science est encore à hauteur d'homme. Le physicien et historien des sciences Derek John de Solla Price, le fondateur de la scientométrie ou «science de la science», a montré dans les années 1960, dans son article « Little science, big science », que le nombre de publications scientifiques était tel qu'un bon scientifique pouvait se tenir au courant de tout ce qui paraissait, alors qu'aujourd'hui il serait bien en peine de prendre seulement connaissance des résumés dans les revues scientifiques.

Informé des moindres avancées de la physique, Newton dessinait les contours d'un nouveau monde déjà bien esquissé par Galilée et Kepler. Il posait l'ultime pierre de l'édifice de la révolution scientifique du XVIIe siècle, une révolution qui brisait l'alliance entre la philosophie et les sciences, une révolution qui faisait apparaître un nouvel acteur : l'expérience.

C'est dans la solitude que Newton tire le meilleur de lui-même. Il lui suffit d'un livre qu'il juge imparfait pour l'entraîner à avancer une autre théorie, ce qu'il fait avec la théorie de la lumière. C'est en effet après avoir lu la *Micrographia* de Robert Hooke qu'il se décide à démontrer que la lumière blanche est un mélange de toutes les couleurs.

Tous ces travaux épuisent le savant. Pendant les deux années miraculeuses qui suffiraient à inscrire son nom au panthéon des génies de la science, Newton s'étiole physiquement et nerveusement. Il tombe malade et l'incendie dans lequel il perd une partie de ses papiers en 1693 le fait sombrer dans une profonde dépression. D'ailleurs, il ne fera plus de découvertes fondamentales à partir de cette date. Il explore désormais le territoire secret de l'alchimie. Il plonge avec la même intensité dans les Écritures et les Pères de l'Église pour en retirer une conviction : Au IVe siècle, Athanase a falsifié les Écritures pour faire de la Sainte Trinité la nouvelle religion et d'Arius, un hérétique. L'arianisme, doctrine qui réfute la divinité du Verbe, fils de Dieu. L'arianisme est condamné dans l'Angleterre anglicane du XVIIe siècle. On comprend que, sur ce point, Newton ait été d'une discrétion toute monacale.

Finalement, ce Newton secret, ce Newton alchimiste, Keynes décide de s'en satisfaire et d'en informer la communauté scientifique. En juillet 1946, la Royal Society rend public « Newton, the Man » dans lequel Keynes tord la légende du savant rationaliste. « Newton n'était pas le premier de l'âge de la raison. Il fut le dernier magicien, le dernier des Babyloniens ou des Sumériens, le dernier grand esprit qui ait regardé le monde visible et intellectuel avec les mêmes yeux que ceux qui commencèrent à construire notre héritage intellectuel il y a un peu moins de dix mille ans. » Vingt-deux ans plus tard, nouveau coup de semonce. Frank Edward Manuel, qui a consulté les archives Keynes, publie en 1968 une nouvelle biographie de Newton. L'historien américain accentue encore le côté sombre du savant qu'il qualifie d'« autocrate de la science ». Sir Isaac Newton y apparaît comme un personnage torturé, dépressif, paranoïaque, persuadé d'entretenir une relation directe avec Dieu qui lui permettrait de découvrir « l'élixir de vie ». En revanche, pas de penchant pour l'astrologie. Pour lui, Newton est même devenu gâteux après l'incendie de ses papiers. Le livre fait scandale auprès des purs newtoniens. Manuel est accusé de faire de la psychanalyse à deux sous, de vouloir à tout prix ternir l'image du grand homme et, pis que tout, reprendre les ragots publiés par les Français au XIXe siècle.

En effet, bien avant la découverte de Keynes, le physicien, astronome et mathématicien Jean-Baptiste Biot avait affirmé que Newton aurait souffert d'un effondrement nerveux, en 1693, après la destruction de nombreux manuscrits dans un incendie. Il explique son hypothèse en 1821 et répond à David Brewster qui publie en 1855 la première grande biographie de Newton. « Après avoir cherché à prouver par les documents qui précèdent que Newton n'a jamais été atteint, même temporairement, d'une affection mentale, le docteur Brewster s'efforce de le montrer, dans la suite de sa vie, comme n'offrant aucune trace d'une pareille infirmité. Sa conduite à la Chambre des communes, une fois qu'il y fut appelé, en 1714, nous semble une trop forte induction d'une conséquence contraire ; et sa renonciation à toute recherche nouvelle, depuis la fatale époque de 1693, nous paraît encore la confirmer. »

Une historienne des sciences américaine va permettre de trancher le débat. Betty Jo Teeter Dobbs est une spécialiste des travaux alchimiques d'Isaac Newton. Elle publie en 1991 une synthèse sous le titre *Les Faces de Janus d'un génie*. Elle montre qu'en fait il existe des liens entre la gravitation et l'alchimie dans la pensée de Newton, même si ces deux disciplines ont évolué différemment dans son esprit. L'unité de la pensée newtonienne est donc préservée. Newton pensait que la science pouvait lui ouvrir les portes de la spiritualité. La gravitation n'était pour lui qu'une étape, qu'un élément de compréhension d'un ensemble bien plus vaste.

Quant à la fameuse pomme tombant d'un arbre qui aurait suggéré à Newton l'idée de l'attraction universelle, ce n'est qu'une légende. Elle provient du savant lui-même qui l'a inventée pour se débarrasser d'un fâcheux qui lui demandait avec force flatterie comment il avait découvert la loi de la gravitation. « Une pomme m'est tombée sur le nez ! » Comme quoi, Newton, l'homme qui ne riait jamais ne manquait pas d'humour...

6

Des Lumières très électriques

Le XVIIe siècle fut celui de la physique. Le XVIIIe voit l'avènement de l'électricité. Tout le monde s'y met, tout le monde s'en amuse. Les cabinets de curiosité s'emplissent de ces belles machines électrostatiques que l'on peut toujours admirer au Conservatoire national des arts et métiers avec leurs frotteurs et leurs roues de verre. À l'époque ce sont les marquises qui les font tourner. On s'en réjouit. Chacun veut se faire électriser. C'est sans danger et cela passionne les salons en Europe. Frédéric II écrit d'ailleurs à d'Alembert qu'il pense que l'électricité ne servira jamais à autre chose qu'à la distraction...

De son côté, l'Américain Benjamin Franklin a montré la puissance du feu électrique. Ses expériences sur la foudre ont prouvé que les éclairs étaient de nature électrique. Quelques-uns ont déjà la tête qui tourne. Ils s'imaginent pouvoir contrôler cette force comme le physicien russe d'origine allemande Georg Wilhelm Richmann. Dans son cabinet de Saint-Pétersbourg, il a installé une tige de fer de plusieurs mètres pour capter la foudre. Et cela marche plutôt bien. Le 6 août 1763, un jour de grand orage, l'expérience dépasse toutes ses espérances. Il meurt foudroyé ! On retrouve ses vêtements brûlés et ses chaussures trouées par la force de la boule de feu. D'après le magazine *New Scientist*, il aurait été la première personne dans l'histoire à mourir au cours d'une expérimentation sur l'électricité. L'accident fait le tour du monde et surtout il montre à tous les apprentis savants que la fée électricité peut à l'occasion se transformer en dangereuse sorcière sans certaines précautions d'usage.

Même si on ne comprend pas encore comment fonctionne ce nouveau feu qui trois cent mille ans après celui de la préhistoire va transformer l'humanité, chacun a son idée sur le sujet. Les savants se disent philosophes et les philosophes se piquent de sciences. Les deux disciplines se confondent alors bien souvent dans de but de comprendre les lois de la nature. Jamais, jusqu'alors, on n'a autant parlé de sciences. Mme de Pompadour protège l'*Encyclopédie* et possède un microscope. Si l'ombre de Newton s'étend sur les Lumières, c'est le best-seller de l'abbé Pluche qui trône dans les bibliothèques. Son *Spectacle de la nature* (1732) a remplacé les *Principia* (1687) du grand Isaac. L'heure est à la vulgarisation. La curiosité n'est plus un vilain défaut mais une qualité de l'esprit. Les travaux, comme les savants, voyagent davantage. On parle, on commente et on commence à en savoir un peu plus sur ces personnages étranges qui bricolent dans leurs laboratoires des choses plus étranges encore.

Lord Henry Cavendish, duc de Devonshire, est l'un des plus grands chimistes de son temps. Spécialiste de l'étude des gaz, on lui doit d'avoir isolé l'hydrogène. Extrêmement riche, il est aussi extrêmement excentrique. Il parle peu, ne communique avec ses domestiques que par l'intermédiaire de petits papiers. S'ils dérogent à la règle et cherchent à entrer en contact avec lui, Lord Cavendish les menace d'un renvoi immédiat. Cet homme fortuné porte toujours les mêmes habits et on lui a connu le même chapeau pendant près de trente ans. Aujourd'hui on considère que Cavendish aurait pu être atteint du syndrome d'Asperger, une forme d'autisme qui affecte la vie sociale.

Leonhard Euler est également un grand esprit. Ce Suisse est le plus grand mathématicien de l'époque. Sa production est considérable – plus de neuf cents mémoires – et ses découvertes essentielles dans le domaine de l'analyse et du calcul infinitésimal. Il fait des mathématiques comme d'autres respirent. Il perd un œil, puis l'autre tout en continuant à scruter les mystères des chiffres. Dans sa tête circulent quantité d'équations et de théorèmes qu'il dicte à ses assistants. À son propos on rapporte une anecdote qui se serait déroulée à la cour de Catherine II à Saint-Pétersbourg. Denis Diderot a entendu que le mathématicien détiendrait la preuve de l'existence de Dieu. Pour l'auteur de *La Religieuse*, une telle présomption est stupide, mais elle mérite le déplacement. L'encyclopédiste se rend donc en Russie. Il y rencontre le mathématicien qui lui fait cette réponse : « Monsieur $(a + b^n)/n = x$, donc Dieu existe ; répondez ! » Diderot est très embarrassé, selon Dieudonné Thiébault qui rapporte cette scène dans ses *Souvenirs*. « Diderot, indigné, voulut prouver la nullité et l'ineptie de cette prétendue preuve, mais il ressentit malgré lui l'embarras que produit nécessairement sur nous l'évidence d'une sorte de mystification préparée et concertée : il ne put échapper d'ailleurs à la totalité des plaisanteries auxquelles cette scène donna lieu ; enfin d'être blessé de cette aventure, à laquelle Catherine ne pouvait être étrangère. »

De dépit, le philosophe aurait tourné casaque et serait reparti en France. Si cette anecdote reste largement apocryphe – Diderot s'y connaissait suffisamment en mathématiques pour ne pas être déconcerté à ce point –, elle traduit bien la personnalité un rien fantasque et fanfaronne d'Euler qui veut faire dire à la science ce qui ne relève pas de ses compétences.

Si les mathématiques font un bond extraordinaire au XVIIIe siècle, l'astronomie reste également toujours très populaire. Jérôme de Lalande (1732-1807) est un des esprits les plus brillants dans ce domaine. Des plus curieux aussi. Ce professeur au Collège de France, directeur de l'Observatoire de Paris, s'installe volontiers sur le Pont-Neuf pour montrer le ciel aux badauds. Quelquefois, il plonge la main dans sa poche pour en tirer une bonbonnière d'où il extrait quelques araignées qu'il gobe. Il pense ainsi se guérir de la peur que chacun éprouve à leur vue. Chacun tisse comme il peut la toile de sa célébrité. En tout cas, Lalande avait aussi une araignée dans le plafond...

L'immense Buffon a aussi ses petites manies. Lui qui considère que la vie d'un auteur se résume à son style n'en manque pas. Il a étudié la nature pendant cinquante ans depuis son cabinet, en la regardant des fenêtres de son château de Montbard. Tout le contraire d'un homme de terrain comme Darwin. Dès cinq heures, Buffon se fait friser et c'est ainsi qu'en manchettes de dentelle et poudré, il se consacre à sa grande *Histoire naturelle*. Question nature, Bernardin de Saint-Pierre a trouvé la réponse à une énigme qu'il est le seul à se poser : pourquoi le melon dispose-t-il de côtes qui ressemblent à des parts ? Réponse : parce que ce fruit a été créé pour être mangé en famille... L'auteur de *Paul et Virginie*, par ailleurs ingénieur des Ponts et Chaussées, a également son explication sur les six pattes de la mouche : cela lui permet de se tenir sur quatre quand elle se brosse avec les deux autres... Voilà ce qui arrive quand on fait de la science dans l'inconscience. Pourtant, petit à petit, la science ne relève plus de l'extrapolation particulière ou de soudaines lueurs de l'esprit. Galilée, Kepler et Newton l'ont fait entrer dans une ère nouvelle où la méthode se révèle primordiale. On sent bien d'ailleurs que l'alliance entre la philosophie et les sciences est en train de se rompre. Les Lumières éclairent le monde, mais la science obscurcit la vision globale que l'on pouvait jusqu'alors en avoir.

C'est aussi à ce moment que se produit ce que les spécialistes appellent la coupure épistémologique et que le commun des mortels ressent par le « je n'y comprends rien ». Comment admettre que le monde soit mathématique ? Comment expliquer que la nature obéisse si finement à des équations trouvées par l'homme ? Ces questions demeurent un mystère. Mais, c'est à partir de ce moment crucial que la science et donc les scientifiques se coupent du monde. La science ne peut être comprise que par des initiés, ceux qui possèdent le langage des mathématiques pour la comprendre. Et, plus grave encore, ce que nous disent ces mathématiques et cette science ne correspond pas à ce que nous éprouvons chaque jour. Quand Galilée énonce son principe d'inertie qui veut que tout mobile au repos soit mû d'un mouvement rectiligne uniforme, nous sommes dans l'incapacité de l'éprouver et même de le ressentir. Et pourtant c'est vrai ! D'où ce sentiment d'incompréhension à l'égard de la science, et même une certaine méfiance. Galilée avait bien tenté de vulgariser son savoir dans des dialogues philosophiques, mais ces initiatives ne firent qu'agacer le pouvoir ecclésiastique. Au siècle des Lumières, le pouvoir religieux vacille et les savants n'hésitent pas à transmettre un peu de leurs découvertes. Benjamin Franklin considère que la science est au service de tous et non de quelques-uns. « De même que nous profitons des avantages que nous apportent les inventions d'autres, nous devrions être heureux d'avoir l'opportunité de servir les autres au moyen de nos propres inventions ; et nous devrions faire cela gratuitement et avec générosité. » Et Lalande installe ses lunettes sur le Pont-Neuf pour faire admirer le ciel aux Parisiens... en avalant quelques araignées.

Pourtant, malgré cet élan, cette volonté de démocratiser les connaissances, le XVIIIe siècle accentue la rupture entre les sciences et les hommes. Comme du temps de Pythagore, mais pas pour les mêmes raisons, le savoir devient la possession de spécialistes qui, même s'ils cherchent à communiquer et à vulgariser, ne parviennent plus à leurs fins en raison d'un savoir devenu de plus en plus mathématique, donc de plus en plus complexe pour ceux qui ne possèdent pas ce langage. La science parle une langue très étrangère. Et l'étranger devient étrange. On commence donc à se méfier de ces gens de science qui ne sont pas encore des scientifiques au sens où nous l'entendons aujourd'hui. On soupçonne certains de tester sur eux des produits inconnus. Certains l'ont fait, comme Newton et son compatriote Humphry Davy (1778-1829) qui connaît la renommée en 1795 pour avoir essayé sur lui-même le protoxyde d'azote découvert par Priestley. Ce jeune homme, issu d'une famille très modeste de Cornouailles, à qui l'on doit la découverte du sodium, du potassium et du calcium décrit avec sang-froid la manière dont le produit agit sur lui : disparition des mouvements musculaires, audition et vision inchangées avec la sensation d'être étranger au monde. À dix-neuf ans, le futur Sir Davy vient de tester les effets du gaz hilarant...

Le siècle des Lumières voit naître de nouvelles espérances. La fougue s'empare des philosophes et anime les savants qui n'hésitent pas quelquefois à engager leur vie pour en savoir un peu plus sur la manière dont la nature fonctionne. Ces scientifiques d'un nouveau genre vont montrer qu'ils peuvent aussi au sens propre comme au sens figuré être des révolutionnaires...

7

Révolutionnaires et fougueux

Pendant la Révolution quelques savants perdent la tête sans pour autant être fous. Le rasoir national élague les talents avec rapidité. Pour autant la remarque apocryphe et idiote du juge qui condamne à mort Lavoisier – « la République n'a pas besoin de savants » – ne résume heureusement pas le bilan scientifique de ces années tourmentées. Les chercheurs sont eux-mêmes poussés par la ferveur politique à s'engager davantage encore dans l'exploration de nouveaux territoires du savoir pour accompagner le changement de société. Les pouvoirs publics commencent à promouvoir la science et ils veulent que cela se sache. La création de l'Institut de France en 1795 aiguise cet intérêt. Les cours de vulgarisation se succèdent, comme les expéditions lointaines, et quelques savants vont défrayer la chronique par leurs découvertes ou leurs comportements.

Les mathématiciens, toujours prompts à fournir des gagnants au grand tirage des personnages originaux, sont bien placés. Le triste et renfrogné Gauss règne à Göttingen sur le calcul, l'astronomie et le magnétisme. Cauchy gère son magistère à Paris. Ces grands hommes installés dans leur savoir bougent à peine. En revanche, quelques jeunes savants sont touchés de plein fouet par le romantisme de la Révolution puis de l'Empire. Ce nouvel esprit les chauffe. La science, comme la vie, ne peut être pour eux que révolutionnaire.

Évariste Galois (1811-1832) appartient à ces jeunes exaltés. C'est un rebelle. Il ne supporte pas le lycée où chacun doit ingurgiter la même quantité de savoir. En 1829, il échoue au concours d'admission de Polytechnique et rédige un mémoire aujourd'hui perdu sur les fractions continues. « J'ai mené là à bonne fin des recherches qui arrêteront bien des savants dans les leurs. »

Galois a conscience de son génie. « Le génie est condamné par une mauvaise organisation sociale à un éternel déni de justice en faveur de la médiocrité servile. » Enfiévré, Galois s'aigrit. Il a accepté un duel. Dans la nuit du 29 mai 1832, dans sa chambre misérable, Galois couche sur le papier son testament scientifique. À la lueur d'une chandelle, il invente la théorie des groupes qui fournira aux physiciens un siècle plus tard un instrument puissant pour leurs recherches. Il pressent qu'il va mourir. Il n'a que vingt ans. « Je n'ai pas le temps, je n'ai pas le temps... » Le lendemain, à l'aube, il est atteint par une balle de pistolet. N'ayant pas eu de médecin pour le soigner, il meurt le matin suivant, son frère à ses côtés. « Ne pleure pas ; j'ai besoin de tout mon courage pour mourir à vingt ans. » La folie chez Galois se niche dans l'impatience extrême. Ce génie est mort de n'avoir pas pris le temps de vivre.

À la même époque, de l'autre côté de la Manche, un savant fulminait fort. Pendant qu'Edgar Poe fabriquait des mystifications littéraires, un astronome comptait les habitants sur la Lune. Cela se passait en 1835, en Écosse. Le révérend Thomas Dick (1774-1857) ne passait pourtant pas pour un comique. Rien, dans son œuvre comme dans sa vie, ne pouvait trahir ce trait de caractère. L'homme correspondait parfaitement à l'image que l'on peut se faire d'un clergyman au XIXe siècle. Sauf que... le révérend s'était mis dans l'idée de mettre en relation la science et le christianisme en montrant ce qui les unissait plutôt que ce qui les divisait.

L'homme possédait ce qu'il fallait en matière scientifique. Sa formation à l'université d'Édimbourg avait été validée par des pointures comme le botaniste Robert Brown, le naturaliste Joseph Jameson ou le physicien Joseph Black. C'est l'astronomie que choisit Thomas Dick. Cela correspondait mieux à ses préoccupations philosophique et spirituelle, et surtout à la démonstration qu'il voulait apporter au monde.

À cinquante-trois ans, il lâcha tous ses travaux précédents pour montrer que le ciel était non seulement le résultat d'un dessein intelligent, mais qu'il était peuplé d'autres espèces, il se fit construire un observatoire sur une colline. À force de scruter la Lune il en vint à déterminer sa population, en supposant que la densité était la même qu'en Angleterre. Ses calculs donnèrent 4,2 milliards d'habitants. Mais le révérend Dick ne s'arrêta pas en si bon chemin. Sur le même principe, il devait être possible d'envisager le nombre d'habitants dans l'univers. Dans son ouvrage intitulé

Les Espaces intersidéraux il arriva au chiffre astronomique de 60 573 000 000 000 000 000 000 000, « c'est-à-dire soixante quadrillions et cinq cent soixante-treize trilliards, un chiffre qui défie l'imagination humaine ». Ainsi, Dieu avait créé l'univers non pas à son image, mais à celle de l'Angleterre au début du XIXe siècle...

Michel Chasles (1793-1880) était lui aussi un personnage curieux. Pas vraiment fou, mais bien à côté de la plaque. Chacun se souvient de la relation de Chasles, inscrite dans la mémoire de nos études secondaires. Ce qu'on sait moins, c'est que ce bel esprit était un collectionneur de manuscrits. Un passionné de la pièce rare, tellement unique qu'elle en devient insensée. Enthousiaste jusqu'à l'aveuglement, il acheta à prix d'or une lettre de Jeanne d'Arc aux Parisiens signée « Jehane dicte la pucelle » et même une lettre de Cléopâtre adressée à César également écrite en vieux français ! Ce cas de crétinisme foncier chez un personnage aussi remarquable mérite qu'on s'y attarde.

Michel Chasles n'est pas n'importe qui ! Il est membre de la section de Géométrie, à l'Académie des sciences. Autrement dit, il appartient à l'élite. Professionnellement, il est à son zénith depuis ses études sur « la transformation du cercle en ellipse » et « l'attraction exercée sur un point extrême par une ellipsoïde homogène ». Couvert d'honneurs et de distinctions, membre de diverses académies et sociétés en Europe, il est reconnu comme un spécialiste de l'arithmétique. Mais il est aussi, pour son malheur, un passionné d'autographes et d'histoire. En fait, il s'est mis en tête d'apporter une contribution décisive dans ce domaine. À soixante-huit ans il commence sa collection qui va devenir gigantesque. Ce qui le motive, c'est la découverte de la perle rare pour étoffer un ensemble par définition sans fin et surtout la communication qu'il peut en faire à ses collègues et dans les *Comptes rendus de l'Académie des sciences*. Le 15 juillet 1867, il fait don à l'Institut de deux lettres de Blaise Pascal adressées au chimiste Robert Boyle. « J'ai l'honneur de mettre sous les yeux de l'Académie quelques écrits de Pascal qui montrent qu'il s'est beaucoup occupé de la recherche des lois de l'attraction, et qu'il les a connues. » Selon ces documents, Pascal aurait découvert la loi de la gravitation universelle avant Newton ! Jean Marie Constant Duhamel, membre de la section Physique, est troublé par le fait que Pascal utilise des formules et des mesures qu'il ne pouvait connaître pour la bonne raison qu'elles n'avaient pas été encore découvertes. Chasles réfute l'analyse et dit avoir en sa possession d'autres lettres, plus éloquentes. « Toutes ces lettres, toutes ces pièces en nombre considérable, sont de la même main que celles que j'ai communiquées à l'Académie, et toutes sont bien de Pascal. » De son côté, Prosper Faugère, spécialiste du philosophe, ne reconnaît pas le style de l'auteur des *Pensées*. « La signature au bas de ces documents n'est pas de Pascal. » Il est formel, mais rien n'y fait. Chasles exploite son filon et continue d'alimenter l'Institut de ses trouvailles plus délirantes les unes que les autres, censées récrire l'histoire des sciences et l'histoire tout court en rehaussant le rôle de la France. Un physicien vient ajouter son doute. « Comment Pascal aurait-il pu calculer le 2 janvier

1655, au plus tard, la masse de Saturne à l'aide des révolutions d'un satellite qui ne fut découvert que le 25 mars de la même année et dont les premières tables, publiées en 1659 par Huygens, étaient encore très imparfaites ? »

En quelques semaines, pas moins de cinquante-trois notes manuscrites de Pascal font leur apparition pour déconsidérer Newton. De l'autre côté de la Manche, le mathématicien délirant commence sérieusement à agacer. David Brewster, le biographe de Newton, perd son flegme et demande que soit lue, lors d'une séance de l'Académie des sciences, sa lettre dans laquelle il démonte point par point ces « méprisables forgeries ». « Aucune pièce contenant le nom de Pascal n'existe dans cette collection », précise celui qui est en charge du fonds Newton. « Jamais lettres n'ont été échangées entre Pascal et Newton. » Le 12 août 1867, les académiciens sont médusés. Mais pas le brave Chasles qui continue, contre vents et marées, à croire en ces textes impossibles. L'adversité semble le doper et l'incite à exhiber toujours plus de documents toujours plus faux. Encore des lettres de Pascal, mais aussi de Pierre de Fermat, de Mariotte, de Huygens, de Hobbes, de Montesquieu, de Newton lui-même, toujours dans le but d'attester que le savant britannique se serait approprié les travaux du Français. Le 7 octobre, il produit des lettres de Galilée. « Galilée, comme on va le voir, a eu l'idée que l'ellipse de Kepler pourrait bien être la conséquence d'une attraction en raison inverse du carré de la distance ; et il a communiqué cette idée à Pascal. » Robert Grant, le directeur de l'observatoire de Glasgow, en Écosse, souligne qu'il est impossible à Galilée, dans les deux lettres « retrouvées » par Chasles, d'évoquer en 1641 les satellites de Saturne découverts en 1655. De plus, Galilée affirme perdre de plus en plus la vue alors qu'il est quasiment aveugle depuis 1637 ! Le 15 octobre, David Brewster reprend la plume après la communication de deux lettres prétendument signées de Louis XIV et Jacques II d'Angleterre. « Nous n'en avons pas fini avec la controverse Pascal ; deux grands monarques viennent de descendre dans l'arène pour gourmander et pour conseiller Sir Isaac Newton, ce qui met ses partisans dans l'obligation d'étudier d'un peu plus près ce nouveau et très divertissant fragment de la plus audacieuse imposture qui ait jamais été ourdie. »

Le tollé se répand dans l'Europe scientifique. À Londres, à Florence, à Amsterdam, on conteste ces documents qui sont des imitations manifestes. En réponse Chasles produit d'autres pièces, toujours aussi fausses. L'Institut commence à prendre ombrage de la folie douce de ce collègue mathématicien qui vire à l'obsession. Sous la pression de l'inflexible Thiers, une déclaration est publiée le 5 avril 1869. Elle met en évidence la probité du collectionneur et le style des documents, tout en laissant planer le doute sur leurs origines. « Les autres pièces en assez grand nombre que M. Chasles a consignées dans les *Comptes rendus*, depuis près de deux ans, sans qu'on y trouve aucune des incohérences qui n'auraient pas manqué d'échapper à des faussaires, portent d'une manière non moins évidente le cachet moral de leur authenticité. »

Quelques jours plus tard, l'édifice s'écroule. « Je dévoile par des faits matériels, et non plus par des raisonnements, le caractère apocryphe d'une vingtaine de documents qui ont été présentés à l'Académie comme provenant de Galilée et de Pascal. » Le 12 avril 1869, Paul Émile Breton, un mathématicien, démontre que les notes de Pascal et de Galilée sont des extraits des *Histoires des philosophes modernes* d'Alexandre Savérien, un philosophe polygraphe du XVIIIe siècle. « Je n'ai pu porter qu'un coup d'œil très rapide sur cet ouvrage de Savérien. Je suis persuadé qu'on trouvera, soit dans les travaux de cet écrivain, soit quelque autre part, la preuve que le faussaire, dont les productions ont si bien mis en défaut la perspicacité de M. Chasles, s'est procuré fréquemment par le même procédé expéditif la prose nécessaire pour l'exercice de son industrie. » Mais Chasles, encore une fois, ne veut rien entendre. Il rétorque que c'est Savérien qui a copié ces extraits en puisant dans les autographes et non l'inverse. Le 13 septembre, Michel Chasles s'explique enfin sur sa bien curieuse collection.

« La collection s'étend aux premiers temps de l'ère chrétienne, et même au-delà ; car il s'y trouve quelques lettres et de nombreuses notes de Jules César et des empereurs romains ; des apôtres, principalement de saint Jérôme, de Boèce, de Cassiodore, de Grégoire de Tours, de saint Augustin, de plusieurs rois mérovingiens ; un grand nombre de Charlemagne ainsi que d'Alcuin... Je ne me porte point garant de ces pièces. Quelles qu'elles soient, il est certain que leur composition, si elles ne sont pas originales, a dû être un long travail, de nombreux matériaux ; et si l'on considère qu'elles s'ajoutent à tant d'autres, de tous les temps jusqu'au siècle dernier, et traitant de tant de matières différentes, on ne peut croire qu'elles soient l'œuvre d'un seul individu, d'un seul fabricateur, qui, du reste, ne sait ni le latin, ni l'italien, ni aucune partie des mathématiques ou des autres sciences sur lesquelles roule une partie considérable des documents. »

Et pourtant... Cette collection de 27 320 autographes pour laquelle Chasles aura versé cent cinquante mille francs-or (plus de trois cent mille euros) en huit ans était l'œuvre d'un seul faussaire : Denis Vrain-Lucas (1818-1882). Ce bibliothécaire autodidacte originaire d'Eure-et-Loire comme Chasles va fournir au mathématicien crédule des autographes extraordinaires : au catalogue figure Lazare le Ressuscité s'adressant à saint Pierre, « July Cesar au chief des Gaulois » et Alexandre le Grand qui écrit « à son très aimé Aristote »...

L'escroquerie fait l'objet d'un procès. Chasles croule sous les railleries. Pour ses derniers mois, le Second Empire est secoué par les rires. Au tribunal, rapporte l'historien Georges Lenotre, l'auditoire se gondole à la lecture des lettres de Socrate, d'Hérode ou de Cicéron. « Chasles vint en personne exposer, non sans mélancolie, comment il avait découvert la fourberie dont il était victime : Vrain-Lucas tardait à livrer trois mille pièces qu'attendait patiemment le savant, et celui-ci, craignant que son fournisseur ne les fît passer à l'étranger et ne frustrât la France de ces inestimables richesses, organisa une surveillance.

Il fut vite désabusé. Vrain-Lucas composait les documents au jour le jour; encore lui fallait-il le temps de les rédiger et de les transcrire sur des feuillets arrachés à de vieux livres, et qu'il jaunissait, trempait, froissait, maculait et roussissait suivant les circonstances.» Comment Chasles a-t-il pu imaginer que Socrate écrivît à Euclide en français du XVIe siècle? Le malin Vrain-Lucas lui a fourni la réponse. «C'est le savant Alcuin qui, au temps de Charlemagne, forma cette collection de lettres anciennes qu'il déposa dans une abbaye de Tours. Sept siècles plus tard Rabelais la dépouilla, en prit des copies et des traductions et ce sont ces copies, attribuées pour la plupart à Rabelais lui-même, qu'a recueillies M. de Boisjourdain.»

Pour cette escroquerie, dont quelques belles pièces du fonds Boisjourdain reposent à la Bibliothèque nationale, Vrain-Lucas est condamné par la 6e chambre correctionnelle de la Seine à deux ans de prison et à deux cents francs d'amende. À sa sortie, en 1872, il commet d'autres escroqueries et replonge par deux fois en prison. Il meurt à Châteaudun à la tête d'une boutique de livres anciens... Chasles est mort deux ans plus tôt, une deuxième et dernière fois. La première, c'était de ridicule...

Terminons ce chapitre par un cas de folie véritable, au sens psychiatrique du terme. Elle touche l'un des plus grands savants de l'époque, issu d'une prestigieuse lignée. Sadi Carnot (1796-1832) est le fils de Lazare Carnot (1753-1823), surnommé le Grand Carnot. Dans la famille on est engagé dans les sciences et dans la politique. Côté science, Lazare se distingue par ses innovations dans le domaine des machines et la géométrie de position qui donnera la géométrie moderne. Côté politique, on est du côté de la Révolution. Lazare est membre du Comité de salut public. Il organise les armées de la République puis s'oppose au pouvoir personnel de Napoléon, ce qui lui vaut l'exil.

Le fils est tout aussi fougueux et encore plus brillant sur le plan scientifique. À peine sorti premier de l'École polytechnique, il part à la défense de Paris en 1814 comme capitaine du génie. Comme Copernic, il n'est l'auteur que d'un seul livre. En 1824, il publie *Réflexions sur la puissance motrice du feu et sur les machines propres à développer cette puissance*. Il a vingt-sept ans et il vient de poser les bases de la thermodynamique ! Seulement, personne en France ne s'en est aperçu. En revanche, en Angleterre, les travaux de ce jeune physicien sont vus comme une révolution dans la mécanique. Sadi Carnot n'en sait rien. Son esprit est ailleurs. En 1831, les premières crises se manifestent. Il maigrit, son regard se trouble, son équilibre mental vacille. Il continue néanmoins ses investigations. « La chaleur n'est autre que la puissance motrice ou plutôt le mouvement qui a changé de forme, c'est un mouvement. On peut donc poser en thèse générale que la puissance motrice est en quantité invariable dans la nature, qu'elle n'est jamais à proprement parler ni produite, ni détruite. À la vérité, elle change de forme. » Mine de rien, Sadi énonce le principe de la conservation de l'énergie qui sera dévoilé par Joule et Mayer quinze ans plus tard...

Mais bien vite Carnot reperd pied. Le 24 juillet

1832, il note : « J'ai été malade longtemps et d'une manière fatigante. [...] Je suis extrêmement faible. » Le 3 août, il est admis à la maison de santé de Jean-Étienne Esquirol à Ivry. Le grand psychiatre de l'époque diagnostique une manie. « La manie est une affection cérébrale, chronique, ordinairement sans fièvre, caractérisée par la perturbation et l'exaltation de la sensibilité, de l'intelligence et de la volonté. » Le médecin connaît bien cette pathologie pour l'avoir observée auprès de nombreux patients. « Les maniaques sont remarquables par les fausses sensations, par les illusions et les hallucinations, par la vicieuse association de leurs idées, se reproduisant sans liaisons entre elles avec une rapidité extrême, ils sont remarquables par les erreurs de leur jugement, par la perturbation de leurs affections et enfin par l'emportement de leur volonté. Ces malades ont une très grande excitation nerveuse, leur délire est général, toutes les facultés de l'entendement sont exaltées et bouleversées, tout ce qui fait sur eux impression au physique comme au moral, même les vains produits de leur imagination, les excite et devient le sujet du délire. » Esquirol n'évoque pas directement Sadi Carnot dans ses analyses, mais on ne peut s'empêcher d'y penser lorsqu'il décrit ce trouble, même s'il le fait d'une manière générale, d'autant que s'y cache une pointe de fascination. « Plusieurs individus, que j'ai vus atteints de cette espèce de folie, étaient d'une très grande susceptibilité, d'un caractère vif, irritable et colère, doués d'une imagination ardente et fougueuse ; ils embrassaient avec enthousiasme les projets les plus exagérés, se livraient aux spéculations les plus hasardeuses. »

En revanche, il désigne bien le brillant ingénieur lorsqu'il note après quelques jours d'observation : « Quel changement s'est-il opéré dans cet homme qui, hier matin, tout à l'heure, livré aux plus profondes méditations, soumettait à ses calculs les lois qui régissent l'univers ? Tout à coup, méconnaissant tout ce qui l'entoure, s'ignorant lui-même, ce même homme ne vit plus que dans le chaos. »

De cette souffrance, le public ne saura rien. Officiellement, Sadi Carnot meurt trois semaines plus tard du... choléra. « M. Carnot, Lazare Sadi (38 ans). Ex-ingénieur militaire [...] entré le 3 août 1832. Guéri de sa manie, mort le 24 août 1832 du choléra. » Les lignes inscrites par Esquirol sur le registre de la clinique ont de quoi surprendre. Comment ce psychiatre qui connaît si bien la manie peut-il assurer avoir guéri un malade en trois semaines ? « Le maniaque présente l'image du chaos, dont les éléments mis en mouvement se heurtent, se contrarient sans cesse pour augmenter la confusion, le désordre et l'erreur. » En somme il s'agit d'un solitaire qui se sent de trop avec lui-même. Ce n'est donc pas une affection bénigne. « La manie est une maladie éminemment chronique ; néanmoins sa durée est quelquefois très courte : on a vu des accès ne durer que vingt-quatre heures, quelques jours, quelques semaines ; mais alors on doit craindre un nouvel accès plus ou moins prochain. » Dans son tourment, Sadi Carnot a continué d'écrire. Son frère Hippolyte a recueilli quelques rares papiers qu'il a déposés aux archives de l'Institut. Dans un fragment on peut lire : « La chaleur n'est autre chose qu'une puissance ou plutôt que le mouvement qui a changé de forme. C'est un mouvement dans les particules des corps. Partout où il y a destruction de puissance motrice, il y a en même temps production de chaleur en quantité précisément proportionnelle à la quantité de puissance motrice détruite : réciproquement partout où il y a destruction de chaleur, il y a production de puissance motrice. » En quelques mots, Sadi Carnot annonce le deuxième principe de la thermodynamique !

Les obsèques de ce savant qui fut l'oncle et l'homonyme du président de la République assassiné se déroulent dans la plus grande discrétion. À titre de précaution, pour éviter toute propagation du choléra, ses effets personnels sont brûlés. Et avec eux ses archives personnelles qu'on ne retrouva jamais...

La fièvre révolutionnaire puis l'impétuosité romantique ont exacerbé bien des passions chez les savants, de la plus drôle à la plus tragique. Ces mêmes savants plus ou moins fous ont attiré l'attention des écrivains. C'est de cette déraison que va sortir l'un des personnages les plus marquants, les plus mythiques de cette science qui peut conduire au cauchemar : Victor Frankenstein.

8

Naissance d'un monstre

À l'origine rien ne prédestinait Victor Frankenstein à devenir le symbole du scientifique dévoyé et l'archétype du savant maudit puis fou. La jeune Mary Shelley le considérait même comme une sorte de victime, un homme pris dans l'engrenage d'une science inconsciente. Dans son esprit, il s'agissait seulement d'écrire une histoire pour faire peur, une histoire de revenants dont on dit aujourd'hui qu'elle devrait beaucoup à son époux le poète Percy Shelley. Mais qu'importe. Mary envisage son personnage comme un homme victime de son appétit de savoir, de sa prétention à vouloir créer un être humain hors de la sexualité. Et qui plus est avec des chairs mortes et des bouts de cadavres. Donner la vie, se prendre pour Dieu et pourquoi pas le devenir ?

Au commencement de tout cela, il n'y a qu'un divertissement de jour d'orage, un jour d'été au bord du lac Léman. Confiné par la pluie en juin 1816, un petit groupe de jeunes romantiques décident de tuer le temps en écrivant chacun un récit de fantôme. C'est à la mode depuis qu'Horace Walpole a lancé le roman gothique avec son *Château d'Otrante*. Mary

Wollstonecraft Godwin vient d'avoir dix-huit ans. Elle est la fille du philosophe athée William Godwin auteur d'un célèbre *Essai sur la justice et son influence sur la moralité et le bonheur* et de l'écrivain féministe Mary Wollstonecraft. Après une nuit de cauchemar, elle annonce à ses amis Byron, Polidori et Percy – elle l'épousera en décembre – qu'elle a trouvé la trame du roman. Le monstre est né. Deux ans plus tard paraît *Frankenstein ou le Prométhée moderne.*

Mais pourquoi Prométhée ? Prométhée est le fils d'un Titan. En grec ancien, cela signifie « le Prévoyant ». Selon Hésiode, c'est lui, ce descendant de ces dieux d'avant les dieux, qui créa les hommes en insufflant la vie dans des statues d'argile. C'est lui surtout qui donna aux hommes le feu, ce qui mit Zeus en colère. Zeus fit enchaîner Prométhée et le condamna à avoir chaque jour le foie dévoré par un aigle jusqu'à ce qu'Héraklès le délivre au cours de ses douze travaux.

Prométhée fut puni pour s'être pris pour un dieu et pour avoir communiqué le savoir divin – le feu – à ses créatures. Il est en cela considéré comme un bienfaiteur de l'humanité. Mais en prenant fait et cause pour le genre humain contre les dieux a-t-il rendu les hommes plus libres et plus heureux ? Chez des philosophes comme Protagoras, le mythe est devenu une métaphore de la connaissance. Il s'est perpétué ainsi jusqu'au XIXe siècle, jusqu'à ce qu'une jeune femme délivre en quelque sorte Prométhée pour créer un autre mythe : celui de Frankenstein.

Lors de la première publication de l'ouvrage en

1818, il n'y a pas de nom d'auteur, seulement une préface signée Percy Shelley. On pense que le roman est de lui également. Quand on apprend que l'auteur de cette épouvantable histoire est une jeune femme, le doute ne se dissipe pas. Bien au contraire. Comment une aussi jolie personne a-t-elle pu imaginer un conte aussi terrifiant dans lequel un médecin dément fouille les charniers et profane les mystères de l'édifice humain ? La question reste posée et des universitaires débattent toujours pour savoir quelle est la part de Percy dans l'œuvre de Mary Shelley. Quelques-uns ont même entrevu dans ce texte une parabole politique : le monstre serait le produit de la Révolution française, une conséquence ultime du jacobinisme. Le philosophe Dominique Lecourt a très bien expliqué sur quoi se sont appuyées ces thèses des années 1980. « Ces interprètes attirent l'attention sur le fait que ce soit à Ingoldstadt qu'étudie Victor. Ils font remarquer que cette ville avait été désignée comme le siège d'une fameuse société secrète révolutionnaire fondée en 1776 par le professeur de droit Adam Weishaupt, les Illuminés. Dans sa thèse très polémique sur l'histoire du jacobinisme, l'abbé Barruel avait fait de cette société secrète l'âme du complot révolutionnaire en Europe et de ses membres les instigateurs de tous les crimes commis au nom des idéaux de la Révolution. Or, on sait que Mary et Percy Shelley avaient emporté les quatre volumes de cette œuvre dans leur voyage sur le continent en 1814... »

Dans l'esprit de Mary comme de la plupart des romantiques à l'époque, la science n'est pas envisagée comme une activité dangereuse. Elle n'est pas rejetée par ces auteurs turbulents qui y trouvent matière à réflexion. Elle est comprise comme un nouveau territoire, un nouveau champ d'exploration. Mary Shelley voit d'ailleurs son héros – le médecin, pas le monstre – comme une sorte d'artiste qui va un peu trop loin dans sa création. Son «hideuse progéniture» – c'est ainsi qu'elle appelait son livre par la suite – va devenir l'un des plus grands mythes contemporains. «Apprenez donc, lance Victor Frankenstein au début du roman, combien il est redoutable d'acquérir certaines connaissances, et combien plus heureux que l'homme qui aspire à devenir plus grand que sa nature ne l'y destine est celui qui s'imagine que sa ville natale est le pivot de l'univers.»

Comme tout texte, il n'échappe pas à son contexte. L'ouvrage porte la marque du triomphe de l'électrochimie de Luigi Galvani (1737-1798). Ce professeur d'anatomie à l'université de Bologne est persuadé d'avoir percé le mystère de l'électricité animale, même si Volta lui explique qu'il n'existe qu'une seule forme d'électricité. En 1780, à l'occasion d'une séance de dissection sur une grenouille, un élève actionne une machine électrique tandis qu'il touche les pattes avec son scalpel. Il constate qu'à chaque étincelle provoquée par la machine les pattes de l'animal mort se contractent. Pour corser l'expérience, Galvani a l'idée d'utiliser des étincelles plus fortes : la foudre. Il suspend l'animal au balcon métallique de sa terrasse. Il ne se passe rien jusqu'au moment où il touche le fer du balcon avec le crochet de cuivre qui soutient la grenouille. Le même spasme se produit. Et c'est à ce moment que le savant glisse dans la déraison : il n'observe plus ce qu'il voit, il voit ce qu'il pense observer. Galvani pense avoir percé le secret de cette électricité animale qui n'existe que dans son esprit. Néanmoins, l'expérience impressionne. Cette chair morte qui soi-disant reprend vie au contact de l'électricité suscite des comptes rendus enthousiastes. Giovanni Aldini (1762-1834), le neveu de Galvani, poursuit à Londres les travaux de son oncle dans des scènes qui ressemblent beaucoup à celles qui se trouvent dans le roman de Mary Shelley. En 1802, il réalise sur des cadavres de criminels les mêmes manipulations que sur les grenouilles, et cela en toute légalité. Ces séances où apparaissent des mouvements convulsifs sur des condamnés à mort fraîchement exécutés font l'objet d'articles dans la presse britannique. Ces récits scientifiques et macabres marquent les jeunes romantiques fascinés par l'électricité qu'ils confondent avec l'étincelle de la vie.

Sir Humphry Davy, un des grands physiciens et chimistes de l'époque est aussi un ami du père de Mary. En 1812, dans ses *Éléments de philosophie chimique*, il exprime son sentiment sur les transformations de la science. Pour lui, la science a donné à l'homme des pouvoirs stupéfiants, des pouvoirs qui lui permettent d'agir sur la nature, d'en modifier les êtres, d'en façonner d'autres et pourquoi pas d'en créer de nouveaux. Et au service de ce nouveau démiurge qui doit apprendre à contrôler ses instruments il y a l'électricité toujours identifiée au flux vital. «On a conçu que d'autres phénomènes que l'action vitale pouvaient être en liaison avec l'opération de faibles pouvoirs électriques, et, entre autres, la sécrétion [...] Ces recherches méritent d'être poursuivies comme pouvant tendre à éclaircir quelques fonctions importantes de l'économie animale ; mais on doit se garder de les confondre avec les spéculations vagues, produites par quelques auteurs, d'après lesquelles l'action nerveuse ou de la sensibilité, et celle musculaire de l'irritabilité, dépendraient exclusivement de l'électricité. »

Lors de la soirée pluvieuse sur les bords du Léman, Mary se souvient aussi de la conversation entre Shelley et Byron. Les deux poètes avaient évoqué les expériences d'Erasmus Darwin (1731-1802), le grand-père de Charles. Cet inventeur, écrivain et naturaliste aurait réussi à donner vie à un fragment de matière dans une éprouvette. Il était dans tous les cas persuadé d'avoir découvert le principe de la génération spontanée comme il l'expliqua dans son long poème titré *Le Temple de la Nature*. Pour lui, la vie avait pu apparaître de la non-vie. Pasteur détruira cette théorie en 1864, mais au moment où Mary pensait à son histoire de fantôme, elle était encore bien présente en Angleterre, d'autant plus qu'elle était formulée par un savant réputé. Elle en convient aisément dans la courte préface qu'elle écrit pour la deuxième édition. « Le fait sur lequel est fondé ce récit imaginaire a été considéré par le docteur Darwin et par quelques auteurs physiologistes allemands comme n'appartenant nullement au domaine de l'impossible. »

Ce rêve qui vire au cauchemar, c'est aussi celui de la science qui s'est séparée de la philosophie au début du XIXe siècle. À force de se distendre, le lien a fini presque par disparaître. Chacun chez soi. Au nom de la connaissance, on outrepasse la morale. Depuis, la destinée mythique de Prométhée s'est transformée. Son avatar contemporain est le chercheur, l'ingénieur, le technicien qui dans son laboratoire multiplie les découvertes sans en évaluer toujours les conséquences. Ce symbole de l'intelligence humaine prise à son propre piège s'incarne aussi dans la liberté métaphysique. En cela Prométhée, qui se libère des dieux, ouvre la voie à la création, à l'art et bien sûr à la science. C'est pour cette raison qu'il a tant été, surtout à partir des romantiques, une source d'inspiration inépuisable, entre le Faust de Goethe et le médecin imaginé par Mary Shelley.

Avec Prométhée, l'homme découvre sa condition d'apprenti sorcier. Que faire de la connaissance et de cette liberté de savoir sans prendre en compte les risques qu'elles impliquent ? L'itinéraire du mythe de Frankenstein est une invitation à réfléchir sur le sens du savoir, de la responsabilité et de l'ivresse du progrès. Et finalement de la conscience que nous avons de nous-mêmes.

Le divertissement de 1816 s'est transformé en œuvre littéraire, puis en mythe ressassé par la science-fiction, le cinéma et les tenanciers des petites boutiques des horreurs. Mais près de deux siècles plus tard, la fabrication de l'humain n'est plus imaginaire. Avec les embryons congelés, les grand-mères porteuses, les bébés post mortem ou transgénérationnels, les pères ou mères génétiquement anonymes, les « copier-coller » de génome dans une bactérie, les médecins d'aujourd'hui nous convient à un bricolage de la filiation et à l'instrumentalisation de l'humain. Curieusement, ce Victor Frankenstein qui n'a jamais existé a eu une belle descendance de savants fous. Un savant en fin de compte bien plus monstrueux que la créature qu'il a fabriquée.

9

Les médecins zinzins

Le XIXe siècle fut douloureux pour la médecine en général et calamiteux pour les médecins en particulier. Pas mal de praticiens perdirent la boule. Les avancées technologiques, les miracles attendus de l'électricité, les découvertes en électromagnétisme, les balbutiements de la psychologie firent tourner les têtes les mieux faites. Le plus souvent, ces toubibs ne comprennent rien à ces nouveautés, mais ils les utilisent pour échafauder des théories et des pratiques thérapeutiques. Dans le lot, on trouve des charlatans. Laissons-les de côté. D'ailleurs l'histoire, sauf judiciaire, n'a pas retenu leurs noms. Contentons-nous de passer en revue quelques spécimens tirés de la cohorte des médecins zinzins et des hygiénistes qui plongèrent dans le déterminisme biologique et le positivisme triomphant. Ces curieux explorateurs se persuadèrent que la forme du contenu pouvait être déduite de celle du contenant. En résumé, la forme de notre tête pouvait expliquer ce qu'il y avait dedans. Avec cette démarche, Johann Kaspar Lavater (1741-1801) avait posé les fondements de la physiognomonie ou l'art de connaître les hommes par la physionomie. À la suite du théologien suisse, on étudia les crânes dans une frénésie inquiétante. De la moindre bosse on tirait des conclusions dont il reste aujourd'hui encore quelque chose puisqu'on parle encore de la « bosse des maths ». Cette gigantesque course à la caboche produisit des résultats aussi surprenants que stupides. Le grand Paul Broca (1824-1880), le médecin qui découvrit la fameuse aire du langage dans le cerveau, envahi par son ressentiment anti-allemand après la défaite de 1870, écrivit que les Français avait un encéphale plus lourd que celui des Allemands, soit 1 333 grammes contre 1 320... Bref, le visage et donc le poids du cerveau – dont on sait qu'il est tout bonnement proportionnel à celui du corps... – deviennent très stupidement le miroir de l'âme. Même si à quarante ans on a la tête qu'on mérite, il ne faut pas pour autant en tirer de conclusion hâtive. Sauf que les médecins ne firent que cela.

Dans ce XIXe siècle positiviste, on croit que la science peut tout expliquer. Certains, comme Cesare Lombroso (1839-1909), finissent par sombrer dans la mégalomanie. La parution en 1876 de *L'Homme criminel* marque une étape. Pour Lombroso, le criminel n'est pas un homme comme tout le monde. Il est né ainsi. En s'appuyant sur les détails du visage, mais aussi des mains, il met au point une méthode contestée, contestable, mais qui marque profondément les esprits par une sorte d'évidente simplicité. Pour lui, les traits épais trahissent une brute. « Beaucoup de criminels ont les oreilles écartées, les cheveux abondants, la barbe rare, les sinus frontaux et les mâchoires énormes, le menton carré et saillant, les pommettes larges, les geste fréquents, en somme un type ressemblant au Mongol et parfois au nègre.» Au-delà du délire raciste, on peut ainsi avoir un visage d'assassin ou d'honnête homme, être conditionné par ceci ou par cela. Devant le succès de sa méthode, Lombroso l'étend aux femmes criminelles, aux prostituées, aux enfants puis aux personnalités d'exception. Il publie *L'Homme de génie* en 1888 avec la même certitude de savoir repérer les caractéristiques de l'individu supérieur. «Non seulement il y a dans les génies affaiblissement de certains organes mais dans le cerveau même certaines parties, celles qui président à la synthèse, à la mémoire, s'accroissent aux dépens de celles dont émanent la force de la volonté ou les sentiments. Presque tous les savants sont abouliques, sans volonté.» Lombroso établit ainsi le lien entre la folie et le génie, sans apporter plus de preuves qu'il ne l'avait fait pour le criminel. «La fréquence des hommes de génie parmi les fous et des fous parmi les hommes de génie explique comment la destinée des peuples a été si souvent entre les mains des aliénés; et comment ceux-ci ont pu contribuer au progrès humain.» Au «tous pourris» des populistes, Lombroso oppose un aussi inquiétant «tous cinglés». Et de cette vaste catégorie, les médecins ne sont pas absents...

Dans son indispensable étude sur les fous littéraires, André Blavier avait repéré quelques spécimens particulièrement attaqués. François Ayasse appartient à ces exaltés. Il publie à Marseille en 1870 un ouvrage sur les moyens de combattre et de faire disparaître les fléaux, maladies et stérilité de l'agriculture. Son *Étude des lois de surface de la terre et des lois d'équilibre, sur les causes des fléaux, maladies et stérilité de l'agriculture* préconise de planter le long des routes des haies d'aubépine. En fait, il rêve de planter des fleurs un peu partout. « La terre déshabillée ressemble à une mendiante comme si le monde qu'elle nourrit l'avait maudite. Lorsque mes travaux seront connus et adoptés, la terre avec toutes ses guirlandes et ses fleurs ressemblera à une reine. »

Il y a ceux qui en veulent aux grands savants, ceux qui ont leur propre méthode, qui contestent l'évidence et en appellent au complot. En 1895, l'année de la mort de Pasteur, Ch. Dürr fait paraître un livre dans lequel il conteste au chimiste l'originalité de ses découvertes. « Tout se crée à la surface de notre globe, lequel est lui-même le résultat d'une combinaison de molécules lumineuses, positives, électriques, cosmiques, refroidies, c'est-à-dire combinées avec les molécules négatives obscures, magnétiques, attractives de l'éther cosmique, d'où résulte la cohésion des molécules solides et liquides de notre globe refroidi. »

Dans cette galerie des grands illuminés, P. dit F. Lutterbach est le plus cintré. On ne sait pas s'il était médecin, ni même s'il se cachait sous un pseudonyme. En 1850, cet « homme encore vert, aux dehors un peu grêles, à l'œil un peu enfoncé, mais au sourire des plus aimables » publie un ouvrage dont le titre à rallonge donne le contenu et l'étendue de sa pathologie. *Révolution dans la marche ou Cinq Cents Moyens naturels et infaillibles pour trouver le confortable, dans les différentes manières de marcher; user sa chaussure selon sa volonté, ne pas la déformer, éviter les cors aux pieds ; ne pas se fatiguer en marchant, ainsi qu'en travaillant ; marcher avec assurance sur les chemins glissants ; ne pas se crotter, ou si l'on se crotte par une marche forcée, se décrotter à sec par un exercice agréable sans faire de poussière et sans détériorer l'étoffe ; redresser par la marche la démarche des boiteux, y compris jeux et exercices hygiéniques pour les personnes délicates de tout âge, conserver la vue et lui donner la force de soutenir l'éclat du soleil sans la fatiguer, enfin contribuer puissamment à sa santé, modérément à sa gaîté et quelque peu à sa beauté, rien que par son propre mouvement.* Ouf !

La grande idée de Lutterbach, la seule, c'est la marche. Il s'est même fait une spécialité de la marche... en arrière. Pour le bien nommé Lutter (back), cette méthode est susceptible de régler bien des problèmes de santé, sans compter les problèmes sociaux. « L'idée de marcher en arrière peut paraître étrange au caractère français, et ne devoir présenter aucune importance. Cependant, si l'on se reporte aux temps de notre plus grande gloire militaire, on verra que quelques-uns de nos généraux de l'Empire se sont immortalisés en faisant des retraites savantes. On concevra toute l'importance que l'on doit apporter dans l'exercice de la marche en arrière, en considérant qu'en cas de retraite, plus en marchant l'on pourra faire face à l'ennemi, plus tôt on sera prêt pour saisir le moment de l'attaque. » On dirait du Pierre Dac. Sauf que l'humour et le non-sens sont ici involontaires, ce qui est encore plus drôle.

Cette amélioration du monde par la marche en

arrière, Lutterbach ne la conçoit pas qu'en temps de guerre. « Indépendamment de l'utilité qu'il y aurait à améliorer la marche en arrière pour les temps de guerre, qui pour le bien de l'humanité ne devraient plus se représenter, ne serait-elle pas aussi fort utile en temps de paix ? En effet, n'avons-nous pas vu des officiers de la garde nationale, peu exercés aux évolutions militaires, qui au détour des rues, marchant en arrière pour commander cette manœuvre à leur troupe, ont donné du talon contre le trottoir, et après avoir fait de vains efforts pour se retenir, se sont vus forcés de perdre l'équilibre. »

Pour ce doux dingue, l'équilibre du monde pourrait venir de notre capacité à aller de l'avant, mais à reculons... On doit aussi à Lutterbach la réhabilitation du haricot dans sa *Physiologie hygiénique pour bien se nourrir avec peu de nourriture, bien se désaltérer en buvant et pour éviter l'indigestion en cas de surabondance*. L'humoriste Alphonse Karr rendra très sérieusement hommage à ce farfelu pour lui avoir appris à respirer.

Avant de conclure ce chapitre sur les médecins fous, accordons au docteur Charles Binet-Sanglé (1868-1941) la place qui lui revient. Ce n'est pas un marginal, comme les autres farfelus dont les travaux ont été aussi vite publiés qu'oubliés. Il est professeur à l'école de psychologie et c'est chez Maloine, un éditeur de référence dans le domaine de la médecine, qu'il publie en 1908 *La Folie de Jésus*. Dans son étude sur la médecine en folie, Guy Bechtel résume bien la situation. « Le Jésus de Binet-Sanglé, fils du délire scientifique du XIXe siècle, est un exemple significatif d'une forme inattendue de racisme positiviste : le racisme antireligieux. » Et c'est avec la méthode la plus éprouvée que le toubib va, imperturbablement, sur près de cinq cents pages et en deux volumes, s'attacher à l'hérédité, à la constitution et à la physiologie pour démontrer que Jésus était fou ! Pour chaque fait, le docteur a une explication.

Les Nazaréens ? Des alcooliques ! Le vin leur montait à la tête. Et, bien sûr, ce fut le cas de la famille de Jésus. « On en buvait beaucoup, ainsi qu'en témoigne le fameux épisode des noces de Cana, où nous voyons servir aux convives six cruches de vin de deux ou trois métrètes, c'est-à-dire de soixante à quatre-vingt-dix litres chacune. » Jésus lui-même fut un névropathe atteint par l'excès de boisson. « De l'hérédo-alcoolique, il avait la constitution médiocre, la faiblesse musculaire, la pauvreté des conceptions, du jugement et du raisonnement, les idées fixes, la déséquilibration intellectuelle, l'incohérence, l'hypersuggestibilité, les idées de grandeur, de persécution, la mystique, la déséquilibration émotive et sentimentale (alternances d'exaltation et de dépression, accès de tendresse, accès de colère), la tristesse chronique, l'irrésolution, le manque d'énergie, l'impulsivité, la paresse, le besoin de vagabonder. »

Emporté dans son délire, le docteur ramène tout à la thèse absurde qu'il veut absolument démontrer, point par point. « En résumé, la nature des hallucinations de Jésus, telles qu'elles nous sont décrites dans les Évangiles orthodoxes, nous permet de conclure que le fondateur de la religion chrétienne était atteint de paranoïa religieuse. » Jésus aurait eu dans sa famille sept mystiques. Il aurait eu une pleurésie avec épanchements. La preuve ? Le coup de lance du soldat romain porté dans la région du poumon provoqua un écoulement de sang et d'eau. Sa mort aurait été due à une syncope de déglutition produite par le vinaigre et l'éponge. C'était un tuberculeux et un fou, incapable de raisonner, vaniteux, irrésolu et indifférent vis-à-vis des femmes. Ce Christ aliéné aurait été atteint du syndrome de Cotard. Un état délirant qui se traduit par les sentiments d'immortalité, de damnation ou de négation du corps. Bref un dépressif grave. N'en jetez plus. Binet-Sanglé porte bien son surnom de Binet-Cinglé. D'ailleurs, il mourra interné.

Beaucoup moins atteint et beaucoup plus célèbre fut Émile Coué (1857-1926), l'homme dont l'œuvre médicale complète tient en cent pages et la méthode en une phrase : dire quarante fois par jour je vais de mieux en mieux pour être guéri. Ce pharmacien de Troyes qui a longtemps exercé à Nancy a connu un succès international après la Première Guerre mondiale. Freud n'y voit que les « exploits d'un profane-amateur ».

Si, pour Coué, la panacée s'appelle autosuggestion, elle se nomme électricité chez Georgia Knap (1866-1946). Les deux hommes se connaissent. Mais Knap va beaucoup plus loin dans le délire. Ce Troyen farfelu est électricien, mécanicien, horticulteur, guérisseur, compositeur et inventeur d'appareils ménagers. Sa palette est aussi large que son délire. Il considère, par exemple, comme Galvani, que l'électricité est le fluide vital. En conséquence, il veut tout électrifier : les voitures, sans préoccupation écologique, mais surtout les maisons. Il met au point une habitation à faire soi-même, où tout est électrique. Il est l'auteur d'un ouvrage publié en 1928 dont le titre annonce la couleur, ou plutôt l'intensité : *Les Causes de la décrépitude et de la mort prématurée de l'espèce humaine : comment devenir un parfait conducteur de son moteur vital*. La méthode consiste dans le massage régulier de certains points du corps et la prise de repas copieux...

On lui doit un opéra en quatre actes et aucune représentation, *Thésée*, dont il a composé la musique et le livret, un traité de fabrication sur les moteurs à essence, une marque de motocyclettes électriques et le concept de « cottage social », un concept de maison économique dont quelques spécimens sont encore visibles dans la banlieue de Troyes. Dans son roman scientifique, *Un sauvage à Paris* (1912), Henri de Graffigny confie à l'un de ses personnages l'envie de posséder « une habitation machinée électriquement, comme la fameuse maison électrique de l'ingénieur hongrois, bulgare ou mandchou, je ne sais plus trop, Georgia Knap ». En fait Knap est bien français et sa maison électrique présentée à l'Exposition universelle de Paris en 1937 fait penser à la maison high-tech de Jacques Tati dans *Mon oncle*.

10

Les obsessionnels de la mesure

On peut faire dire beaucoup de choses aux chiffres, même les plus absurdes. Mark Twain considérait qu'il y avait trois sortes de mensonges : les mensonges ordinaires, les mensonges sacrés et les mensonges statistiques. Dans cette dernière catégorie, de plus en plus répandue de nos jours avec la prolifération des sondages, on pourrait ajouter le mensonge par présomption. En considérant que les chiffres peuvent nous éclairer sur tout, on leur fait dire n'importe quoi. L'histoire des sciences est riche de ces allumés casse-pieds qui ont voulu expliquer non seulement comment tournait le monde mais encore comment on pouvait prévoir sa marche. Le Blavier regorge de ces fous littéraires en tout genre qui se distinguent par leur bizarrerie et par le fait qu'ils ne sont pas des savants. Ce qui nous intéresse au contraire, ce sont les dérapages incontrôlés commis par les esprits éclairés qui se prennent les idées dans les chiffres et inversement. Et cela arrive même aux personnes les plus illustres.

Prenons Sir Francis Galton (1822-1911). Cet explorateur, bel esprit et gentilhomme britannique fut un obsessionnel de la mesure. Il rêvait de tout chiffrer, de tout glisser dans des courbes, de tout démontrer par ce qu'il considérait comme des évidences, de réduire le hasard à la certitude. Pour lui, le monde ne devait pas aboutir à un livre mais à une fonction. Cela avait commencé par la météorologie. La course des nuages troublait beaucoup Sir Francis. Et comme il s'intéressait à tout, voire un peu plus, il se mit au défi de mettre de l'ordre dans le ciel. Pour expliquer les brusques changements de température il inventa le nom et le concept d'anticyclone. Mais ce n'est pas pour cela que la postérité a retenu son nom. Ce médecin – tout le monde était un peu médecin à cette époque puisque tout le monde voulait soigner son prochain – s'était piqué d'hérédité. Cela aussi, c'était à la mode depuis que Darwin dont il était le cousin avait publié *De l'origine des espèces par voie de sélection naturelle* en 1859. Les deux manières d'aborder le problème de l'hérédité passaient par la voie théorique ou philosophique. Galton eut l'idée d'en ajouter une troisième : celle des chiffres. On commençait alors à tirer des graphiques et des courbes à partir de données jusqu'alors inexploitées : population, naissances, mariages, décès, suicides, crimes, etc. De la partie, on prétendait pouvoir expliquer le tout.

Galton reprit des travaux de l'astronome belge Lambert Adolphe Quételet (1796-1874) qui avait étudié la taille de ses concitoyens en aboutissant à une courbe de fréquence en forme de cloche. Il les perfectionna pour donner les bases de ce qu'on appellera par la suite la biométrie. « Parmi les admirables lois que la nature attache à la conservation de l'espèce, je crois pouvoir mettre en première ligne celle de la conservation des types. » Ainsi la taille des parents expliquait celle des enfants sans pour autant la déterminer. Quoique. En poussant la théorie, on devait pouvoir être plus explicite sur le sujet.

Galton fut enthousiasmé à la perspective de mettre en évidence une telle formule. Voici ce qu'il écrivait en 1889 dans *L'Hérédité naturelle* : « Je ne connais pratiquement rien de plus capable d'impressionner l'imagination que la merveilleuse forme d'ordre cosmique exprimée par la "loi de fréquence de l'erreur". S'ils avaient connu cette loi, les Grecs l'auraient personnifiée et déifiée. Elle règne, avec sérénité et dans un total effacement, au sein de la plus sauvage confusion. Plus la foule est immense et plus l'anarchie apparente est grande, plus son emprise est parfaite. Elle est la loi suprême de la déraison. Chaque fois que l'on considère un grand échantillon d'éléments chaotiques et qu'on l'ordonne en fonction de son ampleur, une forme régulière, insoupçonnée et d'une beauté extrême se révèle, qui était latente depuis le début. »

Du chaos faisons table rase. Place au calcul du coefficient de corrélation. Ce fut la grande idée de Galton : rapporter les données physiques ou mentales à l'hérédité des sujets concernés. Ce qui apparaissait comme un aléa devenait statistique. L'idéologie scientiste de Galton doit sans doute à ses échecs universitaires. C'est en tout cas ce que pense l'un de ses biographes, Derek William Forrest. Il décrit Galton comme un petit génie : il connaît l'alphabet à dix-huit mois, lit à deux ans, signe de son nom à trois et apprend des poésies à cinq. C'est après que les choses se gâtent. Galton ne parvient plus à être en tête du peloton. Il est accablé par les dépressions nerveuses successives, l'envie de bien faire et la nécessité de se déculpabiliser. C'est comme cela qu'il en arrive à inventer l'eugénisme, de l'anglais *eugenics* ou « bien naître » en grec. « Je ne supporte pas l'hypothèse parfois exprimée, et souvent sous-entendue, surtout dans les contes écrits pour apprendre aux enfants à être sages, que les bébés naissent semblables et que les seules actions créatrices entre garçon et garçon, et entre homme et homme sont une attention soutenue et l'effort moral. » C'est ainsi qu'il en vient à considérer la prédominance de l'inné sur l'acquis. On ne devient pas homme, on l'est. Qu'on le veuille ou non. Et sur ce nouvel homme, cette nouvelle race, écrit-il, la société peu influer pour le bien commun évidemment.

Galton s'oppose au « darwinisme social » alors en vogue qui considère la lutte pour l'existence comme une contrepartie du progrès. Pour ce courant de pensée, le monde va dans le bon sens, celui d'un biologisme approximatif qui s'en sort tant bien que mal. Pas pour Sir Francis. Le monde court à sa perte. Les discours n'y pourront rien. Pour contrer cette fatalité il faut de nouveaux outils. Et quoi de plus parfait que les mathématiques ! En s'appuyant sur les statistiques, la démographie et ce que l'on savait de l'hérédité, il va se mettre dans l'idée d'améliorer une race humaine qui ne lui avait rien demandé. Pour cela il commence par envisager un contrôle des naissances, les chiffres lui ayant montré que les pauvres avaient trop d'enfants et les riches pas assez. La grande machine de reproduction des classes moyennes sur lesquelles il fonde toute sa discipline est lancée. Il invente un système d'allocations familiales et envisage même la contraception, toujours dans la perspective eugéniste. Tout à son idéologie, il développe plusieurs méthodes d'analyse. Il préconise la mesure des caractéristiques physiques et mentales de chaque individu, préfigurant les tests psychologiques standardisés employés de nos jours. Son anthropométrie conduit à la hiérarchisation des hommes. Il prétend même pouvoir mesurer le génie d'un individu en se posant comme référence... Sa méthode consiste à remarquer dans une population donnée la fréquence des sujets qui se situent au-dessous ou au-dessus de lui ! Dans *Hereditary Genius : An Inquiry into its Laws and Consequences* – « Le génie héréditaire : une étude sur ses lois et ses conséquences » (1869) –, *Inquiries into Human Faculty and its Development* – « Études sur les facultés humaines et leur développement » (1883) – et *Natural Inheritance* – « La transmission naturelle » (1889) –, il affirme que le talent est héréditaire et que cette aptitude peut être améliorée par le choix judicieux de conjoints rigoureusement sélectionnés. En 1895, il affine encore sa psychologie différentielle dans *La Sensibilité comparée de l'homme et de la femme étudiée dans la région de la nuque*.

Voici ce qu'on lit sous la plume de Jacques Lourbet dans *La Femme devant la science contemporaine* (1896). « M. Galton a poursuivi durant plusieurs mois des observations sur la sensibilité comparée de 932 hommes et 377 femmes et reconnu ainsi la supériorité esthésique de la femme. D'après M. Dehn, la sensibilité tactile serait à peu près la même chez les deux sexes ; mais les femmes percevraient mieux que les hommes les différences de température ; elles seraient aussi plus sensibles à la douleur, aux excitations électriques et distingueraient mieux les sensations gustatives. » L'aptitude à percevoir des sensations ou esthésie distinguerait donc fondamentalement la femme de l'homme. Et, bien sûr, cette distinction serait en mesure d'être améliorée par une hérédité contrôlée.

Galton a fait de l'eugénisme « la religion de l'avenir » ainsi que l'explique l'épistémologue et historien des sciences André Pichot, une « religion » dans le sens où on considérait qu'il étendait aux générations futures la charité et l'amour du prochain. Porté par l'allégresse que lui révélaient ses statistiques, Galton pouvait écrire que « l'eugénisme renforce le sens du devoir social dans de si nombreuses circonstances que les conclusions résultant de son étude devraient recevoir un bon accueil de toute religion tolérante ».

À partir de quelques chiffres et d'une intuition fausse, le cousin de Charles Darwin a posé les bases de l'eugénisme que les Anglais par une pudeur toute naturelle préfèrent nommer « eugénique » pour le distinguer de l'idéologie qui inondera les esprits sous le IIIe Reich. Pourtant, il s'agit bien de la même chose. Si Francis Galton a bien apporté sa contribution de savant aux statistiques, il considérait également que les lois de l'hérédité biologique – enfin ce qu'il supposait être ces lois – devaient être suivies dans une société moderne délivrée des superstitions du passé.

En 1910, peu de temps avant sa mort, il avait même envisagé la sélection rigoureuse de surdoués pour améliorer la race. Il préfigurait la chimère du surhomme, non pas celui de Nietzsche, mais celui des nazis. Dans le domaine de l'hérédité, le grand héritage de l'eugénisme reste le racisme dont nous ne sommes toujours pas débarrassés au XXIe siècle. Néanmoins, et c'est l'un des nombreux paradoxes dans l'histoire des sciences, ce délire consistant à vouloir faire entrer l'être humain dans des chiffres a permis des avancées cruciales dans le développement des statistiques et de la génétique.

À sa façon, Francis Galton a inventé un monstre qui dévore toujours nos sociétés modernes : l'homme moyen. Dans la réalité cet être stable et prévisible n'existe pas. Il n'est qu'une probabilité. Mais on nous le présente comme un individu authentique, le plus souvent citoyen et consommateur, manipulable à l'envi et dont on pourrait prévoir les réactions comme si le libre arbitre avait disparu sous les courbes et les tableaux. En voulant apprivoiser le hasard, en souhaitant améliorer la race humaine, Galton et quelques autres ont bricolé une créature de chiffres qui occupe toujours plus de place dans notre monde contemporain. Mais cette fois la créature n'a pas échappé aux créateurs qui se sont succédé.

11

L'infini turbulent

« Épuisé par la bêtise de ses détracteurs et par la recherche de la démonstration du théorème continu, Cantor fit un premier séjour à l'asile de Halle en 1884, puis plusieurs autres, et y mourut le 6 janvier 1918. Bien longtemps après, il fut établi que le théorème continu n'était pas démontrable. » En quelques lignes d'*In memoriam*, Stéphane Audeguy résume la tragédie d'un homme. Un homme incompris de son temps, de ses collègues et de son père. Georg Cantor (1845-1918) était un révolutionnaire. Il rêvait d'un autre monde, un monde qu'il avait déjà exploré avec la constance du visionnaire et dans lequel il s'était un peu perdu : la logique. Ce mathématicien hors pair avait décidé d'en finir avec l'Analyse. C'était à la fin du XIXe siècle. C'était l'époque où les démonteurs du monde ancien avaient le vent en poupe. Les physiciens rivalisaient de nouvelles théories sur la matière et la lumière. Les astronomes façonnaient eux aussi un nouvel Univers qui devait obéir à des lois inédites. Pour échafauder leurs constructions, ces chercheurs puisèrent dans les nouveaux outils mathématiques mis à leur disposition. Dans ce grand chambardement de la fin du XIXe siècle, les mathématiciens se firent eux aussi un devoir de démolir l'édifice qui commençait à se fissurer depuis Euclide. Pierre Rousseau rappelle la situation dans son *Histoire de la science*. « Après s'être occupés uniquement des nombres entiers, les savants avaient timidement étendu leurs recherches aux fractions, puis les pythagoriciens avaient annexé les nombres irrationnels, et ç'avait été ensuite la conquête des nombres négatifs et celle des imaginaires ; le calcul fonctionnel marquait le terme de cette évolution. »

Donc Cantor vint. Ce mathématicien allemand né d'un père danois à Saint-Pétersbourg considérait que quelque chose clochait. « Mes confrères manipulent l'infini dans leurs équations comme si c'était un nombre ordinaire, pur de toute ombre métaphysique. Il me semble que la chose n'est pas si claire. » Pas si claire en effet. Depuis l'Antiquité les mathématiciens se sont échinés à appréhender l'infini mais comme le sable il filait entre leurs doigts. Ils n'en retirèrent le plus souvent que d'élégants paradoxes qui renforcèrent leur préoccupation et leur inquiétude. Il fallait pourtant bien asseoir le calcul infinitésimal sur quelque chose de solide pour que les physiciens puissent l'utiliser sans risque. Sur quoi fonder cet infini qui intervient seulement comme une variation de certaines quantités finies ? Depuis le début du XIXe siècle personne n'avait osé aborder le sujet de front. Jusqu'à ce qu'un fils d'une famille de riches négociants juifs vienne tout chambouler.

Georg Cantor aurait pu être un artiste, jouer du violon ou tenir un crayon comme c'était la tradition dans la famille. À défaut, son père rêvait d'en faire un ingénieur, mais très tôt cet aîné de six enfants eut l'instinct mathématique et il n'avait jamais envisagé d'autre voie. Après l'installation définitive de la famille Cantor à Francfort-sur-le-Main, le brillant élève étudie à l'université de Zurich, puis de Berlin où il reçoit l'enseignement des grands maîtres de l'époque dont le célèbre Leopold Kronecker (1823-1891) qui cherchera ensuite à briser sa carrière. Pour l'instant tout se déroule normalement dans sa vie de jeune mathématicien. En 1867, il soutient sa thèse sur la théorie des nombres, mais bien vite il semble avoir fait le tour de la question. Il veut quelque chose de plus nouveau, de plus complexe. Il s'oriente alors vers l'analyse et l'étude des séries trigonométriques. Il donne une définition rigoureuse des nombres réels, publie une série de mémoires de 1872 à 1884 sur les propriétés topologiques de la droite, puis se lasse derechef. Il vient de faire connaissance avec la notion d'ensembles qui rompt avec les mathématiques traditionnelles. C'est de là qu'il veut repenser les mathématiques ! Seul, il va construire une discipline scientifique. À partir de 1882, il se jette à corps et à esprit perdus dans cette exploration. Dans sa théorie des ensembles, l'infini devient sacrément turbulent et tourne la tête de bien des détracteurs. Cantor démontre que l'ensemble des nombres irrationnels – comme π ou les logarithmes – est infiniment plus nombreux que l'ensemble des nombres rationnels, que deux segments de droite inégaux contiennent le même nombre de points, et qu'il y en a encore autant dans le volume d'une sphère que sur son diamètre. Il en déduit que le mot infini a deux sens, l'un s'apparentant à un ensemble dont chaque unité peut être numérotée – comme l'ensemble des nombres rationnels –, l'autre s'appliquant à une collection dont le nombre des éléments augmente au-delà de toute mesure – si l'on veut, l'infini élevé à une puissance infinie !

Cantor est bien conscient qu'il vient de toucher quelque chose de neuf, de fondamental. Il s'en ouvre à son ami le mathématicien Richard Dedekind, l'une des rares fréquentations durables qu'il ait eues. « Ce que je vous ai communiqué tout récemment est pour moi-même si inattendu, si nouveau, que je ne pourrai pour ainsi dire pas arriver à une certaine tranquillité d'esprit avant que je n'aie reçu, très honoré ami, votre jugement sur son exactitude. Tant que vous ne m'aurez pas approuvé, je ne puis que dire : je le vois, mais je ne le crois pas. » Dedekind lui fait quelques remarques, Cantor corrige, la démonstration se tient. La notion pourtant bien établie du nombre de dimensions d'un objet géométrique vient de vaciller. Pour repérer la position d'un point dans un rectangle il fallait disposer jusqu'alors de ses deux coordonnées représentées par deux nombres. On considérait ainsi qu'un rectangle était un objet à deux dimensions. Or, Cantor démontre qu'un seul nombre suffit si l'on intercale les décimales des deux coordonnées. Le rectangle devient alors aussi un objet géométrique à une seule dimension...

Ces conceptions ne furent pas acclamées dans les milieux concernés. Au contraire. La plupart des mathématiciens n'y comprenaient rien. C'était donc que Cantor se trompait ! Leopold Kronecker considérait haut et fort son ancien étudiant comme un charlatan et, pis encore, comme « un corrupteur de la jeunesse ». Il tenta d'empêcher les communications de Cantor dans le prestigieux *Journal de Crelle* où publiait le gratin de l'école mathématique allemande et chercha par tous les moyens à bloquer la carrière de celui qu'il comparait désormais à un diable. Ce professeur influent de l'université de Berlin ne voyait le salut des mathématiques que dans l'arithmétique, seule véritable « création divine » puisque fondée sur les nombres entiers positifs et non sur la numération décimale. Au contraire, Bertrand Russell décela le génie de Cantor tant sur le plan mathématique que philosophique et vit en lui l'un des plus grands esprits du XIXe siècle. Dans la biographie qu'il a consacrée au savant, Joseph Warren Dauben explique que le nom de Cantor était signe de controverse et carrément de schisme dans la communauté des mathématiciens. « En fin de compte, la théorie des ensembles transfinis a servi à diviser les mathématiciens en deux camps très distants largement déterminés par leurs conceptions irréconciliables de la nature des mathématiques en général et du statut de l'infini en particulier. » Henri Poincaré fut de ces opposants. De sa chaire à la Sorbonne, il dominait sa discipline à la fin du XIXe siècle et on considère qu'il fut le dernier à avoir une connaissance quasi universelle de ce vaste domaine. Il contestait avec la plus grande fermeté ces découvertes qui remettaient en cause les travaux des mathématiciens de l'époque, en sapant les fondements d'un édifice qu'ils avaient mis si longtemps à construire.

Cantor a souffert de ces polémiques qui le mettaient directement en cause, ruinaient son existence et son équilibre. Dans le souci de nuire, ses détracteurs n'hésitèrent pas à évoquer sa personnalité nerveusement instable pour contester la validité de sa théorie. Pour Kronecker, Cantor était un excentrique, un excité, un maniacodépressif, bref un dingue ! Il est vrai que Cantor n'était pas ce qu'on appelle un esprit calme. Ce solitaire n'entretenait que des amitiés peu durables et les attaques violentes dont il fut l'objet ne firent qu'aggraver son état. Cantor s'épuisa un peu plus nerveusement à tenter de démontrer son « théorème continu » dont on sait aujourd'hui qu'il est indémontrable dans le cadre de la théorie des ensembles. À chaque attaque de ses détracteurs, Cantor vacille davantage et chaque vacillement est suivi d'une attaque encore plus ferme. En 1884, Cantor s'effondre. Il a trente-neuf ans et il a déjà accompli l'essentiel de son œuvre. Il sombre dans une grave dépression et il est hospitalisé pour la première fois. Les médecins diagnostiquent une forme de schizophrénie. Il n'a plus la force d'affronter ses opposants. Il ne peut également plus enseigner. Il change sa chaire de mathématiques à l'université de Halle contre une chaire de philosophie. Pendant quelques années il s'éloigne des mathématiques, pas du gouffre dans lequel a sombré son esprit. Il s'entretient avec des philosophes, des théologiens et des écrivains. Il s'intéresse à la littérature anglaise et participe à une polémique en considérant que Bacon était l'auteur des pièces de Shakespeare. En 1899, les crises sont plus fréquentes. La schizophrénie gagne du terrain et Cantor doit renoncer à son enseignement de philosophie. Il obtient un poste administratif dont le seul intérêt est de lui permettre de longs séjours dans les maisons de repos.

En fin de compte, on sait peu de chose sur la véritable personnalité de Cantor. La maison familiale de Halle sur la Handelstrasse a été occupée pendant la Seconde Guerre mondiale et l'essentiel des archives, lettres et documents a été perdu. Il reste quelques photographies où on le voit avec sa femme, couple bourgeois allemand dont on ne peut rien dire. Pour Dauben, « trop peu d'informations ont été préservées pour qu'on puisse vraiment appréhender la personnalité de Cantor ». Les historiens sont donc réduits à formuler des conjectures sur ce mathématicien. Pour Eric Temple Bell, son père aurait eu une influence délétère et ruineuse sur sa santé mentale. Georg Woldemar Cantor s'était converti au protestantisme après son séjour à Saint-Pétersbourg. C'était un homme sensible et doué qui aimait profondément son fils et voulait pour lui une vie de bonheur, de succès et d'argent. Il voulait faire de lui un ingénieur – ce qu'il aurait voulu être lui-même – et ne se remit jamais de le voir s'orienter vers les mathématiques pures. Il lui exprima cette déception et Georg en fut profondément meurtri si l'on en croit les rares éléments recueillis par ses biographes. Cantor déçut également ses collègues mathématiciens. Ils furent choqués par ses idées subversives et ne lui pardonnèrent pas d'avoir chamboulé une maison théorique jusqu'alors si bien ordonnée. La déception du père se transforma en mépris et la rancœur des collègues en haine. Cantor était l'homme par qui le scandale arrive, donc l'homme à abattre. Toutefois, comme le rappelle son biographe, il y eut un avant et un après Cantor car il était impossible d'évacuer ses travaux. « L'intérêt mathématique et philosophique de ses travaux était trop vif pour qu'il ne lui suscitât point des continuateurs. D'autant qu'avec le concept d'infini celui de continuité s'était aussi écroulé. Et c'était là un événement d'une extrême gravité. »

On peut également supposer que Cantor voulait se réconcilier avec le judaïsme de ses grands-parents paternels, bien que son père eût choisi la foi luthérienne et que sa mère fût catholique. Sa femme Vally était juive et ses enfants subirent les persécutions du régime nazi.

Le 6 janvier 1918, après une ultime et forte crise, il meurt à l'hôpital psychiatrique de Halle. Il a lutté jusqu'au bout et son œuvre mathématique est universellement reconnue. À tel point qu'en 1940 des historiens nazis voudront faire accréditer la thèse qu'il était né de parents inconnus et qu'il avait été trouvé sur un bateau allemand dans le port de Saint-Pétersbourg. Le régime national-socialiste ne pouvait supporter qu'un tel génie puisse être juif...

Le savant Georg Cantor a sombré dans la folie en voulant défendre sa théorie. Il fut la victime de son temps sur lequel il était en avance, de ses collègues qui ne voulaient pas remettre en question leur savoir et de sa raison, trop raisonnante sans doute, pour ne pas se perdre dans l'infini turbulent des mathématiques dans lequel il voyait la suprême liberté.

12

Un rayon mortel

Marconi n'inventa pas la première radio; Edison ne conçut pas notre système de production d'électricité. Juste avant eux, il y eut Nikola Tesla (1856-1943). À la postérité de l'histoire des sciences il a laissé une lettre, T, comme Tesla. C'est une unité de mesure d'induction et de densité de flux magnétique. Elle ferait presque oublier l'itinéraire de cet ingénieur fantasque qui fut le contemporain, l'égal et le rival de Thomas Edison. Quelques historiens considèrent même que les multiples inventions de Tesla – sept cents dépôts de brevets! – furent attribuées à tort à Edison. En tout cas l'homme était fascinant. D'ailleurs il fascinait. Récemment, Jean Echenoz en a fait le personnage d'un roman. Dans *Des éclairs*, il s'appelle Gregor. Il est mystérieux car il ne sait pas quand il est né. «Naissance hors du temps, donc, et hors de la lumière car on ne s'éclaire qu'ainsi à cette époque, à la cire et à l'huile, on ne connaît pas encore le courant électrique. Celui-ci, tel qu'aujourd'hui nous en possédons l'usage, tarde encore à s'imposer dans les mœurs, il ne serait pas trop tôt qu'on s'en occupe. Comme s'il s'agissait de régler cette autre affaire personnelle, c'est Gregor qui va s'en charger, c'est à lui qu'il reviendra de le mettre au point.» Sous la plume d'Echenoz, Tesla devient un personnage kafkaïen. Gregor, un nom prédestiné pour toutes les métamorphoses... Sauf que dans la réalité Nikola Tesla est bien né quelque part et à une date bien précise, dans une Europe centrale que dominait l'empire austro-hongrois, dans le village de Smiljan, en Croatie, le 10 juillet 1856. Une légende indique autour de minuit, un soir d'orage, la foudre ayant frappé la maison... De quoi marquer le destin de l'homme par qui l'électricité est arrivée.

Avant-dernier d'une famille de cinq enfants, il est élevé dans un esprit religieux – son père est prêtre orthodoxe –, ce qui peut expliquer plus tard son intérêt pour l'hindouisme et le sanskrit. À l'école, le jeune Nikola manifeste des dons pour les sciences et les techniques. C'est un bricoleur. En avance sur le programme scolaire tout en refusant les codes de l'enseignement, il se classe parmi les surdoués. Il possède également une mémoire photographique stupéfiante qui lui servira beaucoup dans son travail, notamment pour «voir» avec précision les machines avant de les avoir fabriquées. Il ne sait pas encore qu'il sera inventeur. Pour l'instant, il découvre, il hume, il observe : études de physique et de mathématiques à la Realschule de Karlstadt, École polytechnique de Graz, université de Prague. Une voie toute tracée pour devenir ingénieur. Chemin faisant, il se passionne pour l'électricité. Il en fera sa spécialité. Il la mettra si l'on ose dire à toutes les sauces; il la domestiquera et il lui prêtera des vertus quasi illimitées.

Cet engouement pour la fée électricité s'accompagne des premières dépressions nerveuses, notamment après le décès de son frère aîné Danijel. Pendant plusieurs jours, il quitte la maison familiale. Il s'isole. Sa famille le croit mort, noyé dans la rivière toute proche. Il s'est seulement mis à l'écart pour lire, pour étudier, pour envisager ce qu'il fera. Plus tard, quand les choses iront mieux et qu'il aura retrouvé ses esprits.

Sans surprise, sa carrière commence comme ingénieur du télégraphe pour le gouvernement autrichien. Il travaille ensuite dans l'électrotechnique à Budapest et à Paris à la Continental Edison Company. D'après son autobiographie, c'est dans ces années 1882-1884 qu'il conçoit son moteur à induction. Tesla est plongé dans l'électricité comme dans un bain de jouvence. Il est persuadé que la révélation d'un nouveau monde viendra de là. Une nuit, il est réveillé par un cauchemar. Il a rêvé que sa mère était morte. « J'ai su que c'était vrai. » Il ne se trompe pas, tombe malade nerveusement et met trois semaines à récupérer.

En 1884, il traverse l'Atlantique. Il a vingt-sept ans et des idées plein la tête dont une qui lui tient particulièrement à cœur : faire fortune. En Amérique, il va découvrir celui qui deviendra son ennemi le plus intime, son concurrent direct : Thomas Edison. À peine arrivé, Tesla se met au travail. Quatre ans plus tard il présente sa petite révolution industrielle à lui : un système à courant alternatif polyphasé. C'est aujourd'hui le système utilisé dans tous les pays.

Mais surtout, en cette année 1888, Tesla déclare ouvertement la guerre à celui qui défend mordicus le courant continu : Edison.

C'est chez lui, ou plutôt dans sa compagnie, que Tesla a trouvé un poste à son arrivée aux États-Unis. L'entreprise d'Edison gère alors le réseau électrique de la ville de New York qui fonctionne sur le courant continu. Cette technologie entraîne de nombreuses pannes, parfois même des incendies. La municipalité est mécontente et demande à Edison de trouver au plus vite des solutions. Tesla suggère le courant alternatif. Edison refuse, Tesla démissionne. Entre les deux hommes l'inimitié et la concurrence s'installent pour toujours. George Westinghouse a flairé la bonne affaire. Ce concurrent direct d'Edison achète les brevets à Tesla et engage celui-ci à fonder son propre laboratoire. Ravi à la perspective de pouvoir se consacrer à la recherche, l'ingénieur acquiesce. Le Tesla Electric Light & Manufacturing voit le jour au 35, South Fifth Avenue, mais les investisseurs déjà peu scrupuleux conduisent Tesla vers la faillite. Pendant ce temps, George Westinghouse remporte le marché de la distribution d'électricité à New York.

Malgré les difficultés financières, Tesla a choisi la bonne voie. Il ne va plus la quitter. En 1895, on inaugure en grandes pompes sa centrale hydroélectrique polyphasée sur les chutes du Niagara. Tesla travaille ensuite sur un autre domaine, toujours pour prendre de court Edison : les vibrations électriques et mécaniques. Ses oscillateurs mécaniques font sensation. Extrêmement puissants, ils sont capables de désintégrer de l'acier. Quant à ses oscillateurs électriques, ils produisent des courants de hautes fréquences appelés depuis « courants Tesla ».

Tesla considère avoir été aidé dans sa démarche scientifique par son célibat et sa chasteté. Il se voit comme une sorte de moine inventeur. De son cerveau solitaire sortent des dynamos, des transformateurs, des bobines d'induction, des condensateurs, des lampes à arc et à incandescence, les télécommandes sans fil, les rayons X, le radar, les robots et différents appareils électriques dont il dresse la liste impressionnante dans son autobiographie *Mes inventions*.

On voit combien cet homme sec au visage long comme une énigme a contribué à transformer le quotidien des hommes. Toutes ces innovations s'inscrivent dans l'amélioration des conditions de vie. Mais Tesla veut aller plus loin. Dans une conférence, le 20 mai 1891, il annonce sa théorie de l'énergie libre. « Dans quelques générations, nos machines seront propulsées par cette énergie disponible à tout endroit de l'Univers. » En 1898, son laboratoire brûle. Des années de travaux sont parties en fumée. Qu'à cela ne tienne. Avec l'aide du banquier John Pierpont Morgan, dit J. P. Morgan, il monte un projet fou : la construction d'une tour de communication à Wardenclyffe, près de Long Island. Cet extraordinaire inventeur avait vraiment l'esprit perché. En 1899, il capte des messages radio en provenance de Mars. Nous sommes alors en pleine vague martienne. Depuis que l'astronome italien Schiaparelli a observé en 1877 des formes qu'il nomme *canali* (canaux) à la surface de la planète rouge, la Terre voit des Martiens partout. De son côté, l'astronome Camille Flammarion a annoncé une forme de vie sur la planète rouge. Ce grand vulgarisateur n'est pas n'importe qui. Il est non seulement à l'origine de la Société astronomique de France, mais ses livres se vendent à des milliers d'exemplaires dans le monde entier. La science populaire invente les Martiens que les écrivains vont faire fructifier. C'est aussi le grand début d'un genre jusqu'alors balbutiant : la science-fiction. Dans cet environnement culturel, les messages captés par Tesla font sensation et il se débrouille très bien pour en tirer du sensationnel, sans toutefois pouvoir l'expliquer. Or, on sait aujourd'hui que les planètes émettent des ondes radio sans l'aide d'extraterrestres...

Tesla ne peut s'empêcher de parler, de discourir, de communiquer, d'hypnotiser le public qui se rue à ses conférences. On l'avait surnommé le « faiseur de miracles moderne ». Il l'avait bien cherché. Le journaliste du *Pearson's Magazine*, une publication où signaient George Bernard Shaw ou Herbert George Wells, qui pénètre dans l'antre de Tesla en 1899 a le sentiment de découvrir la caverne d'un mage. « Quiconque rend visite au laboratoire de Nikola Tesla doit être équipé d'un mental exceptionnellement solide, car le spectacle est bouleversant. Personne n'échappe à un sentiment de vertige quand, après avoir obtenu la permission d'entrer dans ce laboratoire cour des miracles, il contemple les exploits époustouflants que ce jeune homme réussit à accomplir en un tournemain. »

En 1894, une photographie nous montre Mark Twain, l'un des amis fidèles de Tesla, dans le laboratoire de Nikola tenant une boule de lumière entre ses mains. L'auteur des *Aventures de Tom Sawyer* aimait particulièrement y venir. Il éprouvait le sentiment de mettre un pied dans l'avenir, de toucher des objets qui appartiendront à demain. L'inattendu était à portée de main. Quoi de plus excitant pour un romancier. « Le temps ne se répète pas, mais il rime sûrement. » Chez Tesla la machine à voyager dans le temps semblait réelle et l'inventeur possédait le don de magnétiser ses interlocuteurs en leur parlant – il maîtrisait sept langues –, avec cet accent qui appuyait sur les consonnes, des merveilles de cette électricité dont il était devenu une sorte de gourou.

Nikola Tesla entre de plain-pied dans ce nouveau territoire. D'un côté, il y a l'ingénieur génial, celui par exemple qui dépose en 1900 le dépôt de l'invention de la radio avant Marconi qui, lui, sera honoré pour cela d'un prix Nobel. De l'autre le chercheur rêveur qui finit par concevoir des machines impossibles. Et qui aime en parler. Il adorait donner des conférences qui se transformaient en spectacles. Il y avait chez lui une nette tendance à l'exagération. « Voici le modèle expérimental de l'appareil avec lequel j'espère, un jour, pouvoir exploiter les rayons solaires : cet astre céleste fera marcher toutes les machines dans nos usines, fera avancer tous les trains et toutes les voitures dans nos rues, servira pour la cuisson des aliments dans nos foyers, tout comme il fournira toute la lumière dont l'homme a besoin, que ce soit le jour ou la nuit. En deux mots, il va remplacer le bois et le charbon dans leur rôle de production de force motrice, de chaleur et d'éclairage. »

Et cela marche. Le reporter qui entre chez Tesla

éprouve le sentiment d'être dans l'antre d'un magicien. Et Tesla aime ça. « Imaginez-vous assis dans une grande pièce bien éclairée, remplie de machines plus curieuses les unes que les autres. Un jeune homme élancé s'avance vers vous et juste en claquant des doigts, il fait apparaître, instantanément, une boule flamboyante qu'il tient tranquillement dans sa main. Vous la fixez et voyez qu'elle ne brûle pas ses doigts. Il la fait rouler sur ses vêtements, sur ses cheveux, dans votre giron et, pour finir, dépose la boule de feu dans une boîte en bois. Vous êtes surpris de constater que les flammes n'ont laissé aucune trace, et vous vous frottez les yeux pour être sûr que vous n'avez pas rêvé. »

Le 15 septembre 1911, il convoque les journalistes pour leur faire part de ses dernières découvertes. « C'était la nuit dernière, au Waldorf, le docteur Tesla s'est calé dans sa chaise et a parlé posément de vaisseaux volants sans ailes ni hélices ni dotés d'un quelconque équipement comme ceux que possèdent les avions qui nous sont maintenant familiers, et qui lancés dans l'espace à des vitesses fantastiques ou se propulsant plus lentement s'ils sont lourdement chargés sont dans n'importe quel cas aussi sûrs que le plus prosaïque des véhicules à roues. »

À soixante-trois ans, Nikola Tesla est saisi par l'autobiographie comme d'autres par le retour d'âge. Il écrit six articles pour le mensuel *Electrical Experimenter* qui formeront par la suite l'essentiel de son livre *Mes inventions*. « Le développement progressif de l'humanité dépend largement de ses inventions qui sont les produits par excellence de son esprit créateur.

Son but ultime est la maîtrise totale du monde matériel, l'exploitation des forces de la nature pour les besoins de l'homme. C'est en cela que réside la tâche difficile de l'inventeur qui est souvent incompris et mal récompensé. »

L'humanisme pointe chez ce Vinci électrisé qui ne rêve que d'améliorer le monde pour améliorer les hommes. « Ce que nous désirons aujourd'hui le plus, ce sont des contacts plus étroits, une meilleure compréhension entre les individus et les communautés partout dans ce monde, et l'élimination de cet engouement fanatique pour des idéaux exaltés de l'égoïsme et de la fierté nationaux, qui ont toujours tendance à faire plonger le monde dans des querelles d'un barbarisme primitif. »

Petit à petit, Tesla prend ses songes pour des vérités. Après tout pourquoi pas ? Sauf qu'il ne fait désormais plus le tri entre la révélation et la réalité. Il souffre de troubles obsessionnels compulsifs, les fameux TOC, et de phobies. À l'ordre évident des choses s'impose chez lui l'ordre caché. Chez Tesla, cela se manifestait sous la forme du chiffre 3. Il voulait que tout soit divisible par trois dans sa chambre d'hôtel de Manhattan où il vivait d'une petite pension depuis que le non-paiement des brevets l'avait mis sur la paille. Il faisait trois fois le tour du bloc avant d'entrer et, au moment des repas, disposait trois serviettes autour de son assiette. Cette pathologie était peu comprise à l'époque. On la considérait comme une manifestation de la folie. Donc Tesla était un peu fou, ce qui arrangeait bien ses détracteurs comme ses créanciers. Il pense avoir mis au point une méthode pour prédire l'avenir. D'ailleurs il rappelle qu'il avait prédit la durée et le dénouement de la Première Guerre mondiale dans un article en 1914...

En 1931, pour son soixante-quinzième anniversaire, *Time* le met sur sa couverture. Le magazine célèbre « l'homme qui a donné aux hommes le courant électrique ». Le 11 juillet 1934, Tesla a les honneurs du *New York Times*. À soixante-dix-huit ans, il annonce un « rayon de la mort » capable de frapper à une distance de quatre cents kilomètres dont la production implique quatre nouvelles inventions qu'il garde secrètes. L'année suivante, dans le même journal, il promet un système de transmission qui pourrait guider les avions à distance. La nouvelle fait forte impression, surtout chez les scénaristes. Dans un dessin animé, Tesla est caricaturé en savant fou avec son rayon mortel cherchant à détruire Superman.

À quatre-vingt-un ans, Tesla a toujours le cerveau en ébullition. Il s'en prend alors au physicien le plus connu au monde : Albert Einstein. Il conteste la théorie de la relativité avec sa notion d'espace courbe et annonce qu'il proposera bientôt sa propre théorie dynamique de la gravitation dont nous ne savons toujours rien.

En 1943, ce sauvage de l'électricité est frappé par une crise cardiaque. Sur la demande de John Edgar Hoover, le patron du FBI, tous ses papiers sont récupérés et classés top secret. Ils ont été saisis dans une modeste chambre de l'hôtel New Yorker. C'est là que Tesla finit sa vie, à quatre-vingt-six ans, seul et dans la misère, poursuivant ses recherches à l'écart d'un monde auquel il avait tant donné, offrant son « rayon de la mort» au ministère américain de la Guerre qui lui préféra le projet Manhattan.

Fertiliser les sols par l'électricité, communiquer avec d'autres planètes, ressusciter les morts par électromagnétisme et mettre fin aux guerres par un «rayon de la mort» si terrifiant que personne n'oserait l'utiliser. C'est, après tout, ce qui a fait l'équilibre de la terreur atomique durant la guerre froide, après son utilisation sur Hiroshima et Nagasaki... Devant les prouesses de Tesla, un admirateur lança : «Ça ressemble au rêve d'un dieu à moitié ivre.»

Il y avait chez Tesla des préoccupations écologiques avant la lettre. Il avait pris conscience de l'importance des forêts et de l'eau potable. En revanche, sur la nourriture, il envisageait des perspectives peu engageantes. «Il semblerait qu'il n'y ait aucun besoin philosophique de nourriture. Il est tout à fait envisageable que des êtres organisés puissent vivre sans nourriture et puiser dans le milieu environnant toute l'énergie dont ils ont besoin pour le bon équilibre de leurs fonctions vitales. Un cristal nous apporte la preuve très nette de l'existence d'un principe vital formateur, et bien que nous soyons incapables de comprendre la vie d'un cristal, il n'en est pas moins un être vivant.»

D'inventeur génial, Tesla s'est pris pour un mage. Il voulait transformer l'humanité par ses bricolages à base d'azote, d'électricité et de machines plus ou moins infernales. L'ingénieur avait fini par croire qu'il pouvait changer le monde, pour l'améliorer à sa manière.

Ses réussites successives avaient fini par le persuader qu'il détenait une sorte de pouvoir, et pourquoi pas considérer qu'il fut détenteur d'une mission destinée à perfectionner ce monde. Dans son autobiographie il envisage son métier d'ingénieur comme un sacerdoce. « J'ai cherché, pendant des années, à résoudre l'énigme de la mort, et j'ai été à l'affût du moindre signe spirituel » Au total, la folie de Tesla fut bien douce. D'ailleurs, aujourd'hui, quelques fidèles transmettent toujours ses théories sur l'avenir de l'homme qui passerait par l'azote et l'électricité.

13

Vraiment givré

Le nom de Hans Hörbiger n'est pas passé à la postérité. L'homme eut pourtant son heure de gloire, sous le IIIe Reich. Heinrich Himmler était admiratif de ce cosmologue illuminé, inventeur d'une Terre à six lunes dans un espace glacé. L'étrange bonhomme soutenait que l'Univers était né de l'interaction de la glace avec un soleil originaire qui aurait été trente fois plus grand que le soleil actuel. Dans les années 1920, Hitler n'osait interrompre cet Autrichien furieux qui n'hésitait pas à lui lancer : « La ferme ! » Il l'admirait pour avoir bricolé une sorte de big bang très particulier où la pseudo-science se mêlait à la superstition sur l'origine des Indo-Européens. Sous le nom pompeux de « cosmogonie glaciaire » ou « doctrine de la glace éternelle » (*Welteislehre* en allemand abrégé en *Wel*), Hörbiger mit au point une théosophie qui fut portée aux nues par les dignitaires nazis. « Hitler lui-même, indique l'historien John Cornwell, chargea un architecte, le professeur H. Giesler, de concevoir un planétarium et un observatoire à Linz, la ville de son enfance, avec une galerie où Hörbiger trouverait place aux côtés de Copernic, Galilée, Newton et Kepler. »

Visiblement ce Copernic-là ne tournait pas rond. Mais qui était cet excentrique qui fascina tant les nazis, autant pour ses théories creuses que pour sa volonté d'imposer cette pseudo-science contre la vraie, celle des savants juifs ? Cela explique en grande partie pourquoi le IIIe Reich consacra autant d'argent et d'énergie à promouvoir ce galimatias auquel se rallièrent, pour des raisons idéologiques, deux Prix Nobel de physique, Johannes Stark, mondialement connu pour ses travaux sur la spectroscopie puis sa défense d'une « science allemande », et Philipp Lenard, spécialiste des rayons cathodiques qui n'eut de cesse de contester Einstein et la relativité, qualifiant cette théorie de « physique juive ».

Hans Hörbiger (1860-1931) est né et mort à Vienne. Issu d'une famille pauvre, il commence sa formation au Technologische Gewerbemuseum en génie mécanique, bien vite interrompue en raison du manque de moyens. Privé d'études supérieures, il est contraint de travailler. D'abord comme dessinateur dans une entreprise de soupapes puis en tant que joueur de cithare. En 1889, il se marie. Quatre fils naîtront de cette union dont un qu'il prénomme Attila...

D'entreprise en entreprise, Hans finit par se retrouver chez le constructeur de machines Lang à Budapest. Il y approfondit les techniques de la chaleur et du froid et commence à échafauder son univers qui venait du froid. En 1896, il dépose un brevet de soupape à disque d'acier, connue depuis sous le nom de «soupape Hörbiger», qui lui apporte un peu d'aisance financière. Comme la société Lang ne soutient pas sa découverte, il rejoint, avec l'aide de Siemens & Halske, un bureau d'études de construction à Budapest qui va s'établir en 1903 à Vienne avec pour activité la vente de licences à l'étranger.

Après 1918, les licences venant de l'étranger sont en chute libre et l'inflation des années 1920 met à mal sa fortune. Jusqu'à sa mort en 1931, il fait face à la crise, au prix de grandes difficultés, en tant qu'employé d'une société commerciale pour le service après-vente. L'intérêt du parti nazi pour ses travaux le sauvera de la déroute financière et lui permettra de goûter une gloire limitée au petit cénacle des partisans d'Hitler.

C'est en 1913 qu'Hörbiger fait sa percée dans le monde la pseudo-science. «J'ai eu la révélation lorsque, jeune ingénieur, j'ai observé un jour une coulée d'acier fondu sur de la terre mouillée et couverte de neige : la terre explosait avec un certain retard et une grande violence.» Il publie alors sa *Hörbigers Glacial-Kosmogonie* (la théorie glaciale de Hörbiger) sur laquelle il médite depuis plusieurs années. Les huit cents pages de cet indigeste traité annoncent «une nouvelle histoire de l'évolution de l'Univers et du système solaire, fondée sur l'opposition du neptunisme cosmique à un plutonisme également universel». De la science occidentale qui pourtant fait alors des découvertes extraordinaires dans le domaine de la matière, Hörbiger veut faire table rase. L'astronomie abstraite et compliquée est abandonnée au profit d'une légende glaciale. Pour lui, la Voie lactée est composée de blocs de glace qui se précipitent dans le Soleil en créant les protubérances solaires, la Lune est constituée de glace et la pluie comme la grêle s'expliquent par les météorites de glace qui fondent en entrant dans l'atmosphère terrestre... Difficile de croire qu'un tel « maboulisme » ait pu franchir le seuil de l'asile.

De manière quasi unanime, les scientifiques repoussèrent d'emblée cette conception du monde qui ne reposait sur aucune observation. Cela ne fit que renforcer le fanatisme de quelques irréductibles qui pensaient pouvoir en finir avec la science officielle et prétentieuse, à commencer par Hörbiger lui-même qui menaçait les savants à la troisième personne. « Il faut maintenant choisir, être avec nous ou contre nous. En même temps qu'Hitler nettoiera la politique, Hans Hörbiger balaiera les fausses sciences. La doctrine de la glace éternelle sera le signe de la régénération du peuple allemand. Prenez garde ! Rangez-vous à nos côtés avant qu'il ne soit trop tard ! »

En fait, tout cela aurait dû rester à l'état de délire de la part d'un ingénieur excentrique s'il n'y avait eu les nazis... Hitler ne connaissait rien à la science. Il lui demandait simplement de servir les intérêts de son idéologie raciste. C'est pourquoi les médecins et les anthropologues furent en première ligne dans la validation d'une pseudo-science se résumant à l'eugénisme et à une « hygiène raciale » meurtrière. C'est pourquoi aussi, après la guerre, il y eut un procès des médecins allemands dans le cadre des procès de Nuremberg en décembre 1946 d'où sortiront les principes de l'éthique médicale moderne.

L'Ahnenerbe (ou Ahnenerbe Forschungs und Lehrgemeinschaft), l'institut nazi fondé en 1933 par Himmler, s'était donné une mission simple. « Rechercher l'espace, l'esprit, les actes et l'héritage de la race nordique indo-germanique, et communiquer au peuple les résultats de ces recherches sous une forme intéressante. » Ces « recherches », qui aboutiront aux « expérimentations médicales » dans les camps de la mort, trouvèrent une nouvelle piste dans le récit de la *Wel*. L'Ahnenerbe apporta donc son soutien total à Hörbiger, finança ses publications, distribua ses tracts et organisa sa propagande. « Nos ancêtres nordiques sont devenus forts dans la neige et la glace, c'est pourquoi la croyance en la glace mondiale est l'héritage naturel de l'homme nordique. Un Autrichien, Hitler, chassa les politiciens juifs ; un second Autrichien, Hörbiger, chassera les savants juifs. Par sa propre vie, le Führer a montré qu'un amateur est supérieur à un professionnel. Il a fallu un autre amateur pour nous donner une compréhension complète de l'Univers. »

Amateur contre professionnel, délire contre raison, mensonge contre vérité. Ce n'est pas étonnant de la part d'un régime bruyamment anti-intellectuel qui brûlait les livres et les savants. L'Ahnenerbe – littéralement « Héritage des ancêtres » – remontait jusqu'au paléolithique pour mettre en valeur les hauts faits des ancêtres allemands. Et voilà qu'un dément à la barbe de père Noël proposait d'aller plus loin encore, aux origines mêmes de l'Univers. Pourtant, ces théories absurdes ont alimenté l'orientation politique et sociale du nazisme. D'une certaine manière, elles ont également servi la solution finale. Elles ont façonné les esprits en leur offrant comme le font les sectes un barnum mythologique. Elles ont proposé une vision alternative du monde, une vision hallucinée qui collait avec le projet nazi. D'ailleurs, l'astronome amateur Philipp Fauth avec lequel Hörbiger avait bricolé sa *Wel* fut admis en 1939 comme professeur au sein de l'Ahnenerbe.

Dans *Le Matin des magiciens*, Louis Pauwels et Jacques Bergier consacrent quelques pages à cet illuminé. L'homme avait les compétences pour devenir un grand ingénieur. Il devint un grand dingue. Sa folie n'était pas dangereuse à première vue, mais d'autres personnes y ont trouvé de quoi alimenter leur propre délire. La doctrine de la glace éternelle fut certes l'œuvre d'un givré, mais elle fut utilisée comme instrument du pouvoir nazi pour chasser les savants qui refusaient d'adhérer à cette vision absurde de l'Univers.

D'une certaine façon, Hörbiger nous ramène à la grande légende de la Terre creuse à laquelle ont cru quelques scientifiques de renom. Descartes envisageait que le globe terrestre pouvait receler de gigantesques cavités souterraines. Edmond Halley, l'homme de la comète et l'ami de Newton, supposait même l'intérieur de la Terre formé de sphères creuses emboîtées et habitées. « Nous avons avancé que la Terre est creuse et qu'elle contient un autre globe. » Quelques spécialistes estiment, sans véritables preuves, que le grand mathématicien suisse Leonhard Euler aurait lui aussi été tenté au XVIIIe siècle par cette rêveuse théorie. La différence notable avec la *Wel* fut qu'aucune idéologie n'a récupéré cette vision du monde. Il n'existe pas de modèle nazi, fasciste ou communiste de la Terre creuse. Cette conception est restée dans les limbes de l'imaginaire et ce sont surtout les romanciers, à commencer par Jules Verne, qui se sont emparés du thème, suivis par une cohorte d'écrivains de science-fiction et de fantastique. Dans leur somme consacrée aux mondes souterrains imaginaires, Guy Costes et Joseph Altairac ont relevé plus de deux mille deux cents ouvrages sur le sujet au début du XIXe siècle ! Alors que sur le glacial univers d'Hörbiger il ne reste qu'un livre illisible, des articles confus et des discours méprisants.

14

Les rayons N du professeur Blondlot

Le monde de René Blondlot s'organisait autour des rayons. Il faut dire que c'était à la mode. Wilhem Röntgen et ses rayons X, Marie Curie et la radioactivité naturelle, le XXe siècle commençait de manière soudainement corpusculaire. Fils d'un professeur de médecine, René Prosper Blondlot (1849-1930) dirigeait la faculté de physique de Nancy. Il était notablement connu et avait ses entrées à l'Académie des sciences en tant que correspondant de l'Institut de France. Comme tout physicien un peu en phase avec son temps, il se passionne pour ce nouvel univers de transfert d'énergie et rêve de trouver quelque chose. Ce qui arriva. En travaillant sur les rayons X pour déterminer s'il s'agit d'ondes ou de particules, il découvre une nouvelle forme de radiation. Quelque chose d'inattendu et de peu commun. Il s'empresse évidemment de communiquer sa découverte à ses collègues. Le 23 mars 1903, les *Comptes rendus de l'Académie des sciences* publient donc une note de René Blondlot intitulée *Sur une nouvelle espèce de lumière*. «J'avais attribué précédemment aux rayons de Röntgen la polarisation, laquelle appartient en réalité aux nouveaux rayons; il était impossible d'éviter cette confusion avant d'avoir observé la réfraction, et ce n'est qu'après cette observation que j'ai pu reconnaître avec certitude que je n'avais pas affaire aux rayons de Röntgen, mais bien à une nouvelle espèce de lumière. »

Cette « nouvelle espèce de lumière », René Blondlot la nommera « rayons N » en l'honneur de sa ville de Nancy et de l'université où ces recherches ont été faites. La découverte, stupéfiante, ébranle la communauté scientifique pourtant habituée à ces petits séismes. Les autres laboratoires veulent à leur tour, c'est bien compréhensible, observer et étudier le phénomène. Blondlot se frotte les mains. Il ne souhaite que cela. Il n'a aucune intention de garder sa formidable découverte pour lui et il expose volontiers l'avancée de ses travaux à ses confrères académiciens, donc au milieu scientifique international puisqu'à l'époque la France rayonnait alors dans le domaine de la physique d'un prestige oublié. Le 11 mai 1903, il relate une manipulation. « Un tube focus émet, comme je l'ai constaté, certaines radiations analogues à la lumière, et susceptibles de traverser les métaux, le papier noir, le bois, etc. » Ces rayons invisibles sont capables d'accroître la luminosité d'une lumière de faible intensité et même l'éclat des corps phosphorescents. Blondlot fournit des photographies et explique un des effets physiologiques de sa découverte : l'œil soumis aux rayons N devient plus sensible à la lumière. Il va même encore plus loin dans l'examen de ces rayonnements. « En poursuivant ces expériences, j'ai constaté l'existence de trois autres espèces de radiations. » Piqués au vif, les physiciens se demandent sur quel nouveau territoire va les amener le Nancéen.

Le 25 mai, on en apprend encore un peu plus sur ces fameux rayons, à commencer par leur nom. « Je désignerai dorénavant ces radiations par le nom de rayons N. » Blondlot savoure sa célébrité. « Je ferai remarquer que ces rayons N comprennent une très grande variété de radiations. [...] La parenté des rayons N avec les radiations connues de grandes longueurs d'ondes semble certaine. »

Tous les labos du monde piaffent d'impatience car ils n'ont toujours pas vraiment observé le phénomène. Malgré toutes les tentatives, des sommités comme Paul Langevin ou Jean Perrin n'y sont pas parvenues. Comment Blondlot s'y prend-il ? Chaque information revêt une importance considérable et l'on guette la parution des *Comptes rendus de l'Académie des sciences* pour en savoir davantage. Le 15 juin, le savant donne des nouvelles de ses chers rayons. « Comme je l'ai indiqué, les rayons N agissent sur les substances phosphorescentes en avivant la phosphorescence préexistante, action analogue à celle des rayons rouges et infrarouges découverte par Edmond Becquerel. J'ai utilisé ce phénomène pour rechercher si le Soleil nous envoie des rayons N. » Contre toute attente, la réponse est oui. « Les rayons N émis par le Soleil peuvent être concentrés par une lentille de quartz : à l'aide de la substance phosphorescente on constate l'existence de plusieurs foyers ; je n'ai pas encore déterminé leurs positions avec assez de précision pour en parler ici. Les rayons N du Soleil subissent la réflexion régulière par une lame de verre polie, et sont diffusés par une lame dépolie.» La renommée du physicien ne cesse de croître et l'Académie des sciences lui décerne un prix.

Ces rayons N censés être capables d'augmenter la luminosité d'une lumière de faible intensité font le tour du monde. Ils s'arrêtent malencontreusement pour René Blondlot à l'université John Hopkins et plus précisément dans le laboratoire du physicien américain Robert William Wood (1868-1955) à qui l'on doit la lumière noire et le premier roman de science-fiction, coécrit avec Arthur Train, où un astéroïde risque d'entrer en collision avec la Terre. Mais c'est pour un tout autre choc que son nom est resté dans l'histoire. Ce spécialiste de la spectroscopie s'est penché sur ces rayons N que l'on n'observait qu'à l'université de Nancy. Pour en avoir le cœur net, il se rend en Lorraine et demande à Blondlot de lui expliquer comment il s'y prend. Le physicien ne voit là aucune malice. On murmure déjà son nom pour le prix Nobel et la perspective de satisfaire un confrère curieux le flatte. Blondlot fait fonctionner son spectroscope et demande à Wood de bien observer. L'Américain ne voit rien. Blondlot insiste. Il fait remarquer que l'on distingue faiblement certes mais réellement quelque chose. Wood ne voit toujours rien. C'est d'autant plus normal qu'il a, sans que Blondlot s'en rende compte, ôté le prisme d'aluminium. Il ne peut donc rien se passer puisqu'il n'y a rien à voir ! Or son collègue français distingue maintenant plus nettement les rayons N... L'assistant de Blondlot s'aperçoit de l'escamotage du prisme au moment où Wood tente de le remettre à sa place, mais il est trop tard. Quelques mois plus tard, en 1904, Wood publie dans la revue scientifique *Nature* un article qui considère que ces fameux rayons n'existent que dans l'esprit de René Blondlot. Pour lui, il ne s'agit que d'un phénomène totalement subjectif. Donc, non scientifique.

La révélation ébranle sérieusement la théorie des rayons N. Mais pas René Blondlot auquel le chimiste Marcelin Berthelot, secrétaire perpétuel de l'Académie des sciences, apporte son soutien. « Je crois que les rayons N existent, et j'ai grande confiance dans les travaux de M. Blondlot. » De son côté, le physicien de l'université de Nancy martèle encore une fois sa formidable découverte dans les *Comptes rendus de l'Académie des sciences*. Le 14 juillet 1904, il écrit : « Je fais usage, depuis quelques semaines, d'une méthode qui permet d'étudier les rayons N et les émissions pesantes, aisément et sans fatigue : grâce à cette méthode, au lieu d'avoir, comme précédemment, à apprécier les variations d'éclat d'une raie phosphorescente sur fond noir, on a seulement à constater l'apparition ou la disparition d'une raie lumineuse sur un fond peu éclairé de couleur complémentaire. »

Pour bien expliquer la manière d'observer ces rayons qui sont devenus ses rayons, il use de précaution. Observer les rayons N relève de la quasi-initiation. « Il faut éviter tout effort et toute contrainte dans la vision, sous peine de donner inconsciemment naissance à des phénomènes d'ordre physiologique ou même psychique, tels que ceux qu'ont décrits

M. O. Lummer et M. F. P. Le Roux, phénomènes très intéressants en eux-mêmes, mais fort nuisibles à l'observation des rayons N et pouvant même la rendre impossible. » En effet. Voici ce qu'écrivait Le Roux dans ces mêmes comptes rendus hebdomadaires, le 6 juin 1904. « En répétant certaines expériences relatives aux effets dits des rayons N, j'ai été amené à reconnaître que dans des cas déterminés la contemplation d'une surface douée d'une illumination sensiblement constante peut la faire apparaître comme douée d'une illumination variable, sans qu'on puisse invoquer d'autre cause de cette apparence que le fonctionnement même de l'organe et de ses annexes qui sont ici les parties du cerveau affectées aux perceptions visuelles. Ce sont donc là des phénomènes purement subjectifs ; leur étude intéresse la théorie des perceptions visuelles et, au point de vue pratique, elle doit mettre les observateurs en garde contre les interprétations erronées. » Autrement dit des hallucinations.

L'observation de ces rayons est désormais exhibée comme un exemple de l'aveuglement scientifique. L'histoire de Blondlot montre également que si les scientifiques sont faillibles, la science conserve sa capacité autocorrectrice. Pour le mathématicien Martin Gardner, Blondlot aurait sombré dans la folie jusqu'à sa mort après le calamiteux rapport de Wood. Raisonnablement, on admettra que le découvreur des rayons N, suivi d'ailleurs dans son hallucination par quelques scientifiques, avait déjà perdu un certain bon sens en s'échinant à mettre en évidence quelque chose qui n'existait pas. Dans *La Folie de Banvard*, Paul

Collins estime que René Blondlot n'avait probablement pas toute sa tête. « Que Blondlot ait souffert vers la fin d'une forme de folie semble probable : comment expliquer sinon qu'il ait effectué des mesures de longueurs d'onde après que Wood eut enlevé le prisme d'aluminium ? » On peut aussi voir dans cette mésaventure et ce leurre collectif une manifestation plus ou moins inconsciente du nationalisme. Les rayons X étant allemands, il fallait bien que les Français eussent aussi leurs propres rayons. Et, qui plus est, un rayon découvert en Lorraine...

15

Logique de la folie

«Je crois que New York risque d'essuyer un bombardement atomique cette nuit, je ne pense pas que cela affectera ma santé.» Nous sommes le 3 novembre 1950. L'homme qui écrit ces lignes est un mathématicien de haut vol. Il s'appelle Emil Post et il est plongé depuis plusieurs années dans des travaux logiques d'une extrême complexité qui lui ont fait perdre pied et aussi la raison. Bien avant les avancées d'Alan Turing ou de Kurt Gödel, ce personnage terrassé par une maladie maniacodépressive a exploré le territoire des mathématiques pour savoir s'il y avait des propositions indécidables, autrement dit des problèmes insolubles pour l'esprit humain. De cette plongée dans les eaux troubles et profondes de la logique, il tira quelques articles dont ses successeurs feront leur miel. Mais il y laissera sa vie. Pour Martin Davis qui a édité son œuvre, «son importance transcende ses contributions scientifiques, aussi importantes soient-elles. Il reste une source d'inspiration aussi bien pour la façon dont il a surmonté son handicap mental qui le menaçait de paralysie, pour sa voix distinctive que pour sa dévotion constante à la science et à ses étudiants ».

C'est en Pologne, dans un village à la frontière de la Lituanie, que commence le parcours peu commun de ce pionnier de la logique, dans une famille juive très pratiquante de Krasnapol. Emil Leon Postawelski naît le 11 février 1897. En 1904, à la recherche d'une vie meilleure, la famille émigre aux États-Unis, américanise son nom en Post et s'installe à New York, sur la 14e Rue. Emil n'a que sept ans, mais déjà il manifeste des capacités hors norme dans le domaine des mathématiques. À treize ans, alors qu'il joue dans la rue au ballon, il est victime d'un accident. Son bras gauche, écrasé par une voiture, doit être amputé. Il en gardera toute sa vie un traumatisme, beaucoup moins dérangeant toutefois que celui qui hantera son esprit.

Élève brillant, il obtient une bourse pour étudier à l'université de Columbia où il décroche sa thèse en 1920. Comme Wittgenstein, il développe une méthode qui permet de déterminer en un nombre fini d'étapes si une formule est une conséquence des axiomes mathématiques connus. Post est convaincu que les systèmes normaux permettent d'exprimer tout processus de pensée dont l'esprit humain est capable. Le raisonnement précédent montre alors qu'il existe des problèmes insolubles pour l'esprit humain : savoir si telle assertion se laisse engendrer dans tel système est en général une question que l'esprit humain ne peut pas résoudre. Ou, autrement dit, l'esprit humain ne peut pas résoudre la totalité de ces questions. Il ne s'agit donc plus de rechercher une méthode uniforme pour la résolution des problèmes mathématiques. La logique est devenue un « nouveau champ qui concerne les limites fondamentales des mathématiques ».

Les années suivantes, il poursuit ses recherches à l'université de Princeton, toujours dans la même direction : la logique. C'est la grande affaire de l'époque. Les mathématiciens et les philosophes s'interrogent sur la réalité de ce monde fait de chiffres, de signes et de calculs. Emil Post possède une certaine avance sur ses collègues Alonzo Church, Alan Turing ou Kurt Gödel. Comme eux, il se demande s'il existe des théories axiomatiques incomplètes, c'est-à-dire des problèmes insolubles pour la pensée soumises à des règles.

Post veut analyser la pensée humaine pour en donner une représentation qui en montre l'incomplétude. « Je n'aime pas l'idée de machine. Ce que je veux, c'est quand l'homme est la machine. » Dans ses délires logiques, il rêve d'une mécanique cérébrale parfaite, capable d'accomplir les calculs les plus audacieux. « Au fond, la faculté fondamentale pourrait se résumer ainsi : faire quelque chose pendant un temps, s'apercevoir que cela peut être continué et en quelque sorte séparer du soi réel une sorte de soi robot que l'on imagine continuer indéfiniment. »

Post ne publie rien. Il note, il écrit mais ne communique pas. En 1921, la première crise se manifeste suivie d'une deuxième en 1924. On parle pudiquement de dépression nerveuse. Il s'agit en vérité de graves troubles maniacodépressifs. Il entre dans des états de surexcitation suivis d'accablement complet. Bien qu'attentifs à ses étudiants qui le considèrent comme un professeur original, certes, mais exceptionnel, Post ne peut plus assurer ses cours. Après 1924, on évite de parler de lui sur le campus. Il est considéré comme un instable, un fou dont on ne veut dans aucune université. Par commodité, il essaie d'enseigner au lycée. Les horaires ne lui conviennent pas. Post est en état de surchauffe intellectuelle. Bref, il s'éloigne du monde. Ainsi que le remarque Pierre Cassou-Noguès, «il semble que la logique ne convienne pas à sa santé». À moins que ce ne soit sa santé qui soit incompatible avec sa logique...

Ce qui arrive à Post a été fort bien décrit par Viktor Tausk dans ce qu'il appelait l'«appareil à influencer» des schizophrènes. «L'“appareil à influencer” des schizophréniques est une machine de nature mystique. Les malades ne peuvent en indiquer la structure que par allusions. Il se compose de boîtes, manivelles, leviers, roues, boutons, fils, batteries, etc. Les malades cultivés s'efforcent, à l'aide des connaissances techniques dont ils disposent, de deviner la composition de l'appareil. Au fur et à mesure que la diffusion des sciences techniques progresse, il s'avère que toutes les forces naturelles domestiquées par la technique sont mises à contribution pour expliquer le fonctionnement de cet appareil; mais toutes les inventions humaines ne suffisent pas à expliquer les actions remarquables de cette machine par laquelle les malades se sentent persécutés.»

Emil Post, inventeur de machine logique, est lui-même prisonnier d'une machine qui fabrique sa schizophrénie.

Post enseigne à l'université Cornell. Très peu de temps en raison de son état. En 1927, il donne des cours à l'université de New York, toujours avec les mêmes difficultés. En 1929, il épouse Gertrude Singer avec laquelle il aura une fille, Phyllis. Elle a expliqué comment sa mère avait lutté pour que son mari puisse poursuivre ses recherches.

«Mon père était un génie ; ma mère était une sainte [...] sans compter les lettres qu'elle tapait pour lui obtenir des postes, ma mère a également dactylographié les manuscrits de mon père et sa correspondance [...] Ma mère était également la personne qui s'occupait de toutes les questions financières. Elle était la mémoire tampon dans la vie quotidienne qui a permis à mon père de consacrer son attention aux mathématiques aussi bien qu'à ses réflexions sur les affaires du monde. Aurait-il accompli autant sans elle ? Je ne le crois pas.»

Pourtant, durant cette période difficile, Post publie des articles, sans référence directe avec la logique. Il entre en relation épistolaire avec ses collègues Church et Gödel. Post est absorbé par la logique, il ne s'en sort pas. Trop ambitieux, il veut mettre au point un système global, complet. Il recherche l'indécidabilité absolue. Il veut montrer qu'il existe des problèmes impossibles et cette obsession le mine au point de rompre le contact avec ses collègues. «J'étudie les mathématiques comme un produit de l'esprit humain, non comme un absolu.»

À l'université de Princeton, Pierre Cassou-Noguès a examiné les cahiers d'Emil Post. «La "folie" de Post, dans ses textes logiques, consiste à parler d'autre chose, qui ne nous concerne pas, dans quoi nous ne nous reconnaissons pas, sous couvert de logique, en prenant prétexte dans la logique : en imaginant des raisons logiques qui lui permettent de dire ce qu'il ne pourrait pas dire autrement. »

La logique est un paravent. Derrière se manifeste la folie d'un homme. En 1936, il essaie de reprendre une activité normale. Sans résultat. Bien vite le démon de la logique l'absorbe de nouveau. Il envisage une sorte de machine automatique qui pourrait traiter des programmes infinis. « La pensée mathématique est, et doit être, essentiellement créative. » Il s'épuise. « Deux heures par jour, cinq jours par semaine, sont tout ce que ma santé me permet de consacrer au travail scientifique. » La lutte est inégale. Post note ses moments de lucidité. La peur de sombrer, de se voir chaque jour un peu plus absorbé par la maladie. En 1949, l'annonce de sa titularisation comme professeur au City College de New York ne lui inspire que frayeur par rapport à ce trouble qui l'entraîne un peu plus chaque jour.

La lecture des papiers de Post trahit cette angoisse permanente. Tout à la fois la peur d'être englouti et la crainte de poursuivre ses recherches qu'il rend responsables de ce naufrage. Les médecins considèrent également que son travail logique aggrave ses symptômes. Lors de ses fréquents internements, on lui interdit le papier et le crayon pour qu'il ne soit pas tenté par l'écriture de formules ou de réflexions sur la logique.

« Après tout, ce ne sont pas les idées mais l'exécution de ces idées qui constitue une marque de grandeur. » En cela Post est grand. Comme sa maladie. À mesure que le mal l'enveloppe, Post devient de plus en plus étranger à la vie en société. En 1947, il est traité par électrochocs. Malgré la méthode violente, il la considère comme un « traitement presque miraculeux » qui le soulage tout en le détruisant. Soumis à ce traitement qui fut pour la première fois administré dans l'Italie fasciste par Cerletti et Bini en 1938, contre son gré, à un homme délirant dans la gare de Rome, le patient doit produire une crise d'épilepsie supposée salvatrice. Le plus souvent le corps est secoué de convulsions, la respiration se coupe, la bave s'écoule de la bouche et le malade se pisse dessus. Le choc est censé ramener le fou à la raison Il ne fait pas de doute que la mort de Post à cinquante-sept ans soit consécutive à ces traitements comme le mentionne le certificat de décès qui indique un infarctus consécutif à un traitement par électrochocs. À cette époque, la plupart des pathologies maniacodépressives étaient traitée selon cette méthode. Son biographe Martin Davis explique qu'en d'autres temps Post aurait pu être soigné. « Il a souffert toute sa vie d'une maladie maniacodépressive paralysante à un moment où aucun médicament n'était disponible pour cette maladie. » Après avoir cru à un bombardement atomique sur New York, Post a cru avoir repéré une nouvelle étoile dans le ciel de la Grosse Pomme. Il est très agité et il est arrêté pour troubles à l'ordre public. Un ultime internement en 1953 lui sera fatal. Post développe un délire de persécution. Il meurt dans un lit d'hôpital le 21 avril 1954 en répétant qu'un homme lui a volé ses résultats. Il s'agit d'un autre savant aussi fou que lui. Il s'appelle Kurt Gödel.

16

L'ange du bizarre

À l'hôtel il réservait toujours deux chambres : une pour lui, une autre pour son fantôme.

Il croyait aux anges, il redoutait le diable et il fut l'un des plus grands mathématiciens de tous les temps. Kurt Gödel (1906-1978) était fou, un fou d'une logique imparable. Écoutons Gregory Chaitin, l'un des grands mathématiciens contemporains qui a contribué à faire progresser le langage informatique. « La démonstration de l'incomplétude par Gödel est extrêmement brillante et paradoxale. Il y a en elle quelque chose de fou. Gödel part du paradoxe du mensonge, avec cette proposition : "Je ne dis pas la vérité", qui n'est ni vraie ni fausse. Et sa méthode consiste à construire une proposition qui affirme : "Je suis indémontrable !" »

L'indémontrable Kurt Gödel est né à Brno en 1906, dans l'actuelle République tchèque. Il est le fils cadet de Rudolf et Marianne Gödel, des Allemands expatriés dans l'empire austro-hongrois qui travaillent dans l'industrie textile. Les affaires marchent plutôt bien et Rudolf a les moyens d'envoyer ses deux fils dans des écoles privées où ils font de brillantes études. C'est à l'université de Vienne où son frère a choisi médecine qu'il étudie la physique puis les mathématiques à partir de 1924. C'est dans cette ville fascinante sur le plan intellectuel qu'il fait la connaissance d'un petit groupe qui se passionne pour le langage et la logique et qui ne rêve que de tout fracasser pour mieux reconstruire : le fameux cercle de Vienne. Il y a là Rudolf Carnap, Hans Hahn, Karl Menger et Moritz Schlick.

De 1928 à 1936, sa production est intense. Il donne son premier théorème important en 1929 et obtient son titre de docteur à vingt-neuf ans. L'année suivante il met au point son théorème d'incomplétude *Sur les propositions formellement indécidables des Principia Mathematica et des systèmes apparentés* qu'il publie en 1931. Mine de rien, il révolutionne les mathématiques et remet en cause plus d'un siècle de recherche en montrant que certaines propositions vraies pour les nombres naturels sont indémontrables.

Le cercle de Vienne est mal vu du nouveau pouvoir nazi. Alors qu'il vient donner son cours, Moritz Schlick est révolvérisé en 1936 sur les marches de l'université par l'un de ses anciens étudiants, un détraqué qui sera libéré par les nazis et rejoindra le parti d'Hitler après l'Anschluss.

Gödel craint moins l'assassinat par balles que l'empoisonnement. À Adele Porkert, une danseuse catholique et divorcée rencontrée à Vienne qui deviendra sa femme, il demande de goûter ses repas. Sa raison commence doucement à vaciller. Pour se documenter, il lit des ouvrages de psychiatrie où il pense trouver une solution. Il n'en retire qu'inquiétude. Le premier semestre de l'année 1936 est douloureux. Il est accueilli dans deux sanatoriums autrichiens spécialisés dans les maladies nerveuses. À sa sortie, ses collègues de l'université de Vienne le trouvent changé. Gödel s'est renfermé sur sa pathologie. Il parle peu. Il épouse Adele en 1938 et achève ses travaux de logique dans une sorte de recueillement. En 1939, il apprend qu'il est apte au service dans les forces armées allemandes. C'est la rupture. L'exil devient obligatoire.

Avec sa femme, Gödel émigre aux États-Unis en 1940 et s'installe à Princeton où il retrouve son vieil ami Einstein. C'est là qu'il commence à élaborer une philosophie bizarre. L'étude de ses notes montre qu'il croyait à l'existence des anges et du diable, parmi d'autres idées étranges. Il tenta de constituer ces idées en un système logique cohérent. Cette analyse, présentée sous forme de courtes fictions, éclaire d'un nouveau jour ses découvertes mathématiques et permet de s'interroger sur la nature même de la pensée logique. Pierre Cassou-Noguès a pu examiner la folle logique de ces aphorismes. « C'est bien le génie propre de Gödel que d'avoir su intégrer des thèmes philosophiques dans des énoncés logiques, des énoncés qui s'inscrivent dans une discipline dont les raisonnements sont normés. Ce même mouvement se retrouve du reste dans la réflexion de Gödel sur le temps, qui le conduit à démontrer la possibilité (dans le cadre de la relativité générale) du voyage dans le temps. »

New York n'est pas trop loin de Princeton, à peine quatre-vingts kilomètres, et Gödel a pris l'habitude d'aller y consulter un psychanalyste lié au mouvement dadaïste avec qui il s'entend très bien. Richard Huelsenbeck, devenu aux États-Unis le docteur George Hulbeck, fut un proche de Hans Arp, Marcel Duchamp et Yves Tanguy. Avec lui la conversation roule plus du côté surréaliste que psychanalytique.

Gödel discute aussi souvent avec Einstein dans les allées de Princeton. Ensemble ils traversent le campus en parlant le plus souvent de Vienne et des pâtisseries qu'on y mangeait alors... La maigreur extrême du logicien toujours emmitouflé même l'été contraste avec l'embonpoint du physicien. Einstein dira un jour qu'il se rendait à l'Institute for Advanced Studies uniquement pour le plaisir de bavarder avec ce grand esprit, aussi dérangé fût-il.

En 1948, il obtient la nationalité américaine. Lors du traditionnel entretien de naturalisation, Gödel informe ses amis venus l'accompagner qu'il avait l'intention de poser une question à l'officier d'immigration au sujet des incohérences qu'il avait repérées dans la Constitution des États-Unis. Ses compagnons l'en dissuadèrent... Bien que sa maladie mentale ne s'arrange pas, il est nommé professeur et membre de l'Académie des sciences en 1953.

Gödel est un hypocondriaque qui consomme des quantités hallucinantes de médicaments pour soigner à peu près tout. Il frôle tout de même la mort en 1950 pour avoir refusé de se faire soigner un méchant ulcère parce qu'il n'avait pas confiance dans les médecins... Gödel craint aussi les petites choses, les microbes, tout ce qui peut altérer nos vies. Pierre Cassou-Noguès a son idée sur la question. « Je crois qu'au fond Gödel avait peur qu'on le prenne pour un fou, et cela parce qu'il avait peur d'être fou. Cette peur de la folie n'est que la contrepartie intérieure de sa peur des petites choses. » Pour son biographe John Dawson, le mathématicien présente tous les symptômes de la paranoïa, « une structure de croyances paranoïdes qui est logiquement consistante mais absurde à l'extérieur ». Gödel s'est lui-même enfermé dans un monde logiquement inattaquable mais humainement destructeur. Il pense être persécuté par ses collègues jaloux.

En tout cas, cette phobie de l'invisible et cette certitude d'être entouré d'anges et de démons ne facilitent pas sa vie quotidienne, même s'il considère que les anges sont de la même nature que les objets mathématiques. Gödel voit des complots partout. Il débusque des coïncidences là où il n'y a que hasard. « N'est-il pas remarquable que la mort d'Einstein survienne près de quatorze jours après l'anniversaire des vingt-cinq ans de l'Institut ? » Pour Gödel tout doit avoir un sens, rien ne doit être laissé au hasard. Cet homme qui s'oppose au matérialisme a développé une philosophie qui s'inspire de l'œuvre de Leibniz avec laquelle il a entretenu des relations fortes. « La logique mathématique, qui n'est rien d'autre qu'une formulation précise et complète de la logique formelle, a deux aspects tout à fait différents. D'un côté, elle est une section des mathématiques traitant de classes, relations, combinaisons de symboles, etc., au lieu de nombres, fonctions, figures géométriques, etc. De l'autre, c'est une science antérieure à toutes les autres, qui contient les idées et les principes sous-jacents à toutes les sciences. »

Dans sa folie Gödel raisonne. Sans doute sa folie est-elle même une antiraison comme il existe une antimatière, l'opposé exact, similaire mais inversé. Il ne faut pas réduire la folie à la maladie mentale, car dans la folie il y a un accès à un savoir. Sinon on n'entend rien de ce que la folie a à nous dire, sinon nous n'aurions rien entendu d'un Artaud. C'est par la folie qu'on peut étudier ce qui est spécifiquement humain. Gödel considérait d'ailleurs que ce que nous voyons ne représente qu'une infime partie de la réalité et que nous disposons de vies multiples. « Le monde dans lequel nous vivons n'est pas le seul dans lequel nous vivrons ou avons vécu. » Chaque jour, Gödel s'enfonce un peu plus dans les landes de la déraison tout en explorant cette nouvelle philosophie qu'il tente d'adapter à son état mental.

Entre 1941 et 1945, Kurt et sa femme Adele déménagent trois fois. Il a peur des gaz, ceux du chauffage central et ceux produits par le réfrigérateur. En fait, Gödel a peur de tout, surtout de lui-même ainsi que l'explique Pierre Cassou-Noguès. « Gödel cherche cette folie qu'il craint et, en même temps, se l'interdit en imaginant des complots, des complots peut-être d'origine divine, qui détruisent les philosophes qui touchent à la connaissance absolue. » Alan Turing, lui aussi, aura peur d'avoir approché d'un peu trop près ce qu'il identifiait au savoir absolu. Gödel craint pour sa vie et pour se donner raison, pour être logique avec lui-même, il s'en prend à sa vie. « Certaines maladies mentales sont causées par des esprits malins. » De plus en plus, il craint qu'on ne l'empoisonne. Il cesse pratiquement de s'alimenter. Il s'impose un régime absurde où il ne consomme que du beurre. À sa mort en 1978 il pèse trente et un kilos. Il a soixante-treize ans. Les jambes repliées contre lui, il meurt dans la position du fœtus. C'est à sa mère, et à elle seule, sans doute aussi par crainte des sarcasmes, que Gödel a envoyé sa démonstration mathématique de l'existence de Dieu...

17

Un physicien disparaît

On ne disparaît pas comme ça... Eh bien si, cela arrive ! Tout dépend de ce que l'on entend par « comme ça ». Ettore Majorana a disparu « comme ça », un jour de 1938. Il a pris un bateau de Naples à Parme. Un aller-retour. Sauf qu'il n'est jamais revenu. Cette histoire n'aurait pas plus de valeur qu'un fait divers si Majorana n'avait été l'un des plus grands physiciens italiens du XXe siècle. Un savant de la trempe d'Einstein, un découvreur génial du monde quantique, cette fameuse mécanique qui s'intéresse aux interactions des particules dans le monde de l'infiniment petit, un prodige dont on ne cesse encore aujourd'hui d'explorer les équations pour y trouver des pistes nouvelles.

À bien des égards, Majorana est moins un savant fou qu'un fou de sciences. Il s'est plongé dedans à corps perdu. Il avait chez lui une sorte d'urgence, comme s'il avait pressenti le peu de temps qu'il lui restait avant de disparaître, avant de programmer sa propre disparition. Comme s'il fallait à ce jeune homme timide que l'on voit toujours sur la même photo, le regard déjà perdu vers un ailleurs possible, décrire en équations un monde fascinant et presque poétique qui ne fonctionne pas comme le nôtre et qui pourtant en fait partie.

Majorana avait tout pour réussir et il réussira tout, y compris sa disparition. Né le 5 août 1906 à Catane, il est issu d'une grande famille italienne où l'on a beaucoup donné à la politique et même à la physique avec son oncle Quirino Majorana. Dès quatre ans, on remarque chez Ettore des dons pour les mathématiques. Le jeune garçon fluet joue avec les chiffres comme d'autres à son âge comptent les quilles. Il aime aussi les expériences. Vers douze ans, il s'installe au volant de la voiture familiale qu'il propulse dans le mur de la propriété. Il s'en tire avec une cicatrice à la main et l'idée que tout corps projeté vivement vers un obstacle peut faire très mal...

Pour acquérir un peu de théorie, ses parents l'envoient chez les jésuites à Rome puis dans un lycée d'État d'où il ressort avec le baccalauréat. Il a dix-sept ans, une tête bien pleine et des idées qui débordent. Pas de doute, Ettore est doué. Un peu plus même. À l'université de Rome il choisit une formation d'ingénieur. Majorana aime la précision et cette voie lui semble adaptée à son tempérament solitaire. On ne lui connaît pas d'amis, sauf Emilio Segrè, futur Prix Nobel de physique en 1959 pour la découverte de l'antiproton. C'est lui qui parle à Majorana d'Enrico Fermi qui s'intéresse à un tout nouveau domaine : la mécanique quantique.

Après une rencontre avec Fermi qui décèle chez le jeune homme des aptitudes exceptionnelles, Majorana abandonne ses études d'ingénieur. Quitte à travailler, autant travailler à quelque chose qu'on ne comprend pas parce que c'est incompréhensible. Il rejoint l'Institut de physique de Rome qui se trouve rue Panisperna. Ces jeunes loups de la physique surnommés les *ragazzi di via Panisperna* entrent sur un territoire bien étrange qu'ils ne parviennent pas à circonscrire, malgré leur savoir, comme l'a bien expliqué Étienne Klein. « Ces jeunes physiciens ont beau maîtriser le formalisme naissant de la physique quantique et reconnaître son efficacité, la plupart d'entre eux sont déconcertés. Ils la jugent trop contraire au bon sens. » Pas Majorana.

Le jeune savant que l'on dit volontiers caustique avec ses aînés surprend par ses capacités de calcul et la vivacité de son intelligence. Il semble totalement immergé dans cette nouvelle discipline tant et si bien qu'à vingt-trois ans, en 1929, il décroche son doctorat de physique pour son étude des noyaux radioactifs. Pas de doute, Majorana est au cœur de la matière, au cœur de cette exploration qui allait aboutir à la bombe atomique. Il n'a écrit que neuf articles scientifiques mais ils lui ont valu des invitations, toutes refusées, des plus prestigieuses universités du monde. Fermi se rend compte de la valeur de son collègue. Il lui conseille de partir un peu prendre le pouls de la science à l'étranger chez quelques grands esprits. En 1933, il rencontre Werner Heisenberg à Leipzig puis Niels Bohr à Copenhague. Les discussions avec ces deux géants le fascinent, mais sa santé se dégrade. Son discernement politique également. On ne sait toujours pas pourquoi il envoie une lettre détestable à son ami Emilio Segrè, qu'il sait juif, dans laquelle il tient des propos ouvertement antisémites. « Il n'est pas concevable qu'un peuple de soixante-cinq millions d'individus se soit laissé conduire par une minorité de six cent mille personnes affirmant ouvertement constituer un peuple en soi. » Troublé par l'Allemagne nazie, désorienté par la lecture de Schopenhauer, épuisé par les rencontres de savants, Majorana n'est pas dans son assiette. Il souffre de gastrite en Allemagne et de fatigue nerveuse au Danemark. Le retour en Italie est difficile. Majorana ne se rend plus au laboratoire. Il s'isole et lit. Des ouvrages de philosophie, des romans et des traités sur la marine de guerre. C'est à cette époque de grand isolement qu'il se découvre une passion pour Pirandello. Chez l'auteur sicilien, il saisit l'ambiguïté de la personnalité. « La vie est pleine d'absurdités qui peuvent avoir l'effronterie de ne pas paraître vraisemblables. Et savez-vous pourquoi ? Parce que ces absurdités sont vraies. » Voilà qui ne pouvait que faire écho chez un physicien qui naviguait dans un monde d'équations où le réel n'était pas aussi réel que ça.

Sous la pression amicale de Fermi, Majorana postule et obtient un poste de professeur de physique théorique à l'université de Naples. Cette bonne nouvelle aurait dû le calmer. Elle ne fait qu'envenimer les choses. Ettore ne parvient pas à enseigner à des étudiants qui ne comprennent pas ses cours d'un niveau bien trop élevé.

Dans la nuit du 27 au 28 mars 1938, Ettore Majorana disparaît. Avant cet escamotage, il a écrit deux lettres, l'une à son ami Antonio Carreli, directeur de l'Institut de physique de Naples, l'autre à sa famille. Dans la première il exprime la vacuité de l'existence en général et de la sienne en particulier. «J'ai pris une décision qui était inévitable. Il n'y a pas qu'un simple point d'égoïsme dans cela, mais je réalise que ma soudaine disparition pourrait causer des problèmes à toi et à mes étudiants. Pour cela aussi, je te demande de ne pas m'oublier, mais plus spécialement pour avoir trahi toute la confiance, véritable amitié et sympathie, que tu m'as montrée durant ces mois. S'il te plaît, rappelle-leur combien j'ai su et apprécié l'Institut; je les garderai tous en mémoire jusqu'à onze heures ce soir, et peut-être plus loin.» Dans la seconde, adressée aux siens, il prépare son deuil et fabrique sa légende. «Je n'ai qu'un souhait : ne portez pas du noir. Si vous devez vous conformer à la tradition portez seulement un crêpe, mais pas plus de trois jours. Après souvenez-vous de moi dans vos cœurs, si vous le pouvez, et oubliez-moi.» A priori, Majorana ne laisse planer aucun doute sur ses intentions. Et pourtant. Il use de ce qu'on appelle en physique quantique la contrafactualité. C'est-à-dire ce qui aurait pu se produire, mais qui ne s'est pas produit.

La famille est bien sûr bouleversée par l'évaporation soudaine du garçon génial. Mais les amis physiciens sont encore plus désemparés, conscients d'avoir perdu leur nouveau Galilée. Le 17 juillet 1938, une annonce paraît avec une photo dans un hebdomadaire italien. «Âgé de 31 ans, taille 1,70 m, cheveux noirs, yeux sombres, une longue cicatrice sur le dos d'une main. Si quelqu'un sait quelque chose à son sujet, il est prié d'écrire au R. P. Marianecci, Viale Regina

Margherita, 66, Rome.» C'est la mère de Majorana qui a lancé cette ultime bouteille à la mer. Elle avait déjà écrit à Mussolini pour lui demander d'activer des recherches. «Il fut toujours sage et équilibré, et le drame de son âme ou de ses nerfs semble donc un mystère. Mais une chose est certaine, et c'est ce qu'attestent avec une grande assurance tous ses amis, la famille et moi-même qui suis sa mère : on n'a jamais remarqué en lui de précédents cliniques ou moraux qui peuvent faire penser au suicide; au contraire, la sérénité et la sévérité de sa vie et de ses études permettent, et même imposent, de le considérer seulement comme une victime de la science.» Ce sont les mots d'une maman. Non, son fils n'est pas fou, jamais il n'aurait songé à mettre fin à ses jours. Mais alors que signifie «victime de la science»? L'évaporation d'un homme à trente et un ans peut-elle s'expliquer de la sorte? Qui pouvait en vouloir à Majorana? L'aurait-on enlevé, assassiné? Mais pour quelles raisons? Aurait-il organisé sa fuite? Mais pour échapper à quoi? Le corps ne sera jamais retrouvé et les explications les plus abracadabrantesques vont bon train.

Depuis les années 1960, l'escamotage du physicien sicilien n'a cessé de fasciner les auteurs. Romans, essais, pièces de théâtre, documentaires, films et bandes dessinées lui sont consacrés. En 1962, en pleine guerre froide, le dramaturge suisse Friedrich Dürrenmatt en fait un de ses personnages de sa pièce *Les Physiciens*. L'action se déroule dans un asile où trois fous se font appeler Möbius, Newton et Einstein. Möbius n'est autre que Majorana. Dürrenmatt aborde le thème de la responsabilité du chercheur face aux applications de ses découvertes. En plein conflit Est-Ouest, le sujet n'est pas anodin. D'autant que la pièce nous présente un monde d'où toute certitude est exclue. À l'harmonie peut succéder le chaos.

En 1966, le physicien Edoardo Amaldi lui consacre la première tentative biographique. Pour lui, Majorana se serait jeté à la mer, sans qu'on ait retrouvé le corps dans la baie de Naples. Quelques années plus tard, le grand auteur sicilien Leonardo Sciascia émet une autre hypothèse dans *La Disparition de Majorana* (1975). Ayant pris conscience des conséquences des recherches sur l'atome il aurait simulé un suicide avant de se retirer dans un monastère. Romanesquement séduisant mais historiquement peu convaincant. D'autres l'auraient aperçu sous les traits d'un clochard déambulant dans les rues de Palerme, le regard perdu, affirmant avoir été un grand savant tout en s'appuyant sur une canne où était gravée la date de naissance de Majorana...

En 1999, l'historien des sciences Umberto Bartocci va beaucoup plus loin dans *La Disparition de Majorana : une affaire d'État ?* Il suppose qu'après son séjour à Leipzig en 1933 où il rencontra ses collègues allemands, Majorana aurait été suspecté d'une fascination trouble pour l'Allemagne nazie. En conséquence, il aurait été kidnappé par des espions du IIIe Reich ou bien exécuté, pour les mêmes raisons, par des agents américains... Plus récemment, en 2004, dans *La Deuxième Disparition de Majorana*, l'universitaire catalan Jordi Bonells estime que le savant aurait pu s'exiler en Argentine où il aurait fondé une famille. C'était déjà la thèse de Carlos Rivera, un physicien chilien. João Magueijo, le dernier biographe en date, ne croit absolument pas à cette version. « Je suis sûr qu'Ettore n'est jamais allé à Buenos Aires. » Il ne croit pas plus à l'hypothèse de la mafia dont on voit mal pourquoi elle s'en serait pris à un spécialiste de la mécanique quantique.

Il y aurait enfin cette curieuse lettre non datée envoyée de Florence à un ami de Majorana par le physicien Gilberto Barnardini. « Comme vous pouvez l'imaginer, les nouvelles de Majorana me mettent dans une grande joie. Ce n'est pas une mince affaire, sans doute, mais ce n'est pas aussi tragique que nous l'avions imaginé. Nous pouvons tous être heureux pour lui. »

Bien sûr, il y a l'explication savante et délirante d'une fuite dans un monde parallèle. C'est ce que croit le physicien ukrainien Oleg Zaslavskii. Ce spécialiste de la gravitation à l'université nationale V. N. Karazin-Kharkiv suppose que Majorana se serait expédié dans une des dimensions prévues par cette mécanique quantique qui fonctionne selon des lois de probabilités. L'hypothèse, aussi farfelue soit-elle, est quantiquement recevable. Comme dans la fameuse expérience de pensée de Schrödinger où un chat peut simultanément être vivant ou mort tant qu'on n'a pas ouvert la boîte dans laquelle il est enfermé, Majorana aurait voulu tout à la fois être et ne pas être. Il n'avait pas à se poser la question d'Hamlet puisque la théorie lui permettait les deux au même moment. « Peut-être existe-t-il des mondes dans lesquels Majorana s'est suicidé. Mais peut-être en existe-t-il d'autres où il est parvenu à surmonter son pessimisme et à survivre. Il reste à espérer que cette seconde variante est plus fréquente dans l'univers. »

L'homme qui avait supposé l'antimatière s'est inscrit dans une antiraison. Ce n'est pas vraiment de la folie. Disons une porte d'entrée dans le monde de la création. À force de sonder cet ailleurs, il a fini par vouloir s'y rendre. De quelle manière ? Mystère. Les grands artistes expliquent rarement comment ils ont fait. « Je ne cherche pas, je trouve », disait Picasso. Considérons que Majorana a trouvé à force de chercher. Mais sa découverte, il ne pouvait ou ne voulait pas la communiquer.

Récemment, une malle a été découverte avec des papiers scientifiques de Majorana. Ils ont été publiés et la communauté scientifique a pu mesurer l'avance que possédait le physicien italien sur ses pairs. On peut même espérer que, dans les prochaines années, le LHC valide des hypothèses faites par Majorana il y a plus de soixante-dix ans comme de savoir si le neutrino et l'antineutrino ne forment qu'une seule et même particule. Dans la biographie qu'il lui consacre, João Magueijo avance l'hypothèse d'une seconde malle, avec des papiers et des découvertes encore plus époustouflantes. Sauf que, jusqu'à ce jour, rien n'a été découvert.

Impossible de régler sa vie selon la physique quantique. Et pourtant, Ettore Majorana l'a fait. Au point de disparaître comme les particules fantômes qu'il avait envisagées ou comme un personnage de Pirandello. Pour Étienne Klein, Majorana est de la même trempe que Galilée ou Newton, capable d'une puissance d'analyse fulgurante, mais cela n'implique aucunement la découverte de la fission nucléaire. « Il n'existe du reste aucune note, aucune lettre de Majorana pour attester la prémonition qu'un tel phénomène physique fût possible », écrit-il dans *Il était sept fois la révolution*. L'univers de Majorana ne peut donc pas se résumer à celui de Lewis Carroll, plus la bombe.

En revanche, ce « physicien d'exception, introverti, solitaire et caustique » est bien à l'origine de quelques découvertes prophétiques sur les neutrinos et autres particules qui pourraient expliquer la structure infime de la matière et préciser le fameux modèle standard. Aussi pour le physicien ukrainien Oleg Zaslavskii, Majorana se serait tout simplement volatilisé dans le monde quantique, dans l'un de ces paradoxes si chers à cette science bizarre où deux états peuvent se superposer, où l'on peut être et ne pas être simultanément, tant qu'un observateur n'a pas mesuré l'existence du phénomène.

Il est étonnant que les cinéastes n'aient pas été davantage enthousiasmés par la vie de cet homme si peu commun. Récemment, son cours à l'Institut de physique de Naples a été retrouvé grâce à un auditeur libre qui avait tout noté. On a également mis la main sur des articles importants, des cahiers, des recherches, autant de documents connus sous le nom de « petits volumes ». Le tout fut publié en 2009. Ettore Majorana avait tout fait pour les dissimuler tout en donnant la possibilité de les retrouver. Encore une trouvaille quantique, un jeu où les probabilités sont reines. Quoi qu'il en soit, mettre à ce point sa vie en adéquation avec ses équations relève de l'exploit. Ou de la folie. De cette folie essentielle quelquefois, sans laquelle aussi il n'y aurait pas de science.

La vie posthume de Majorana n'a jamais été aussi intense. Jamais, surtout en Italie, ce Rimbaud des quanta n'a suscité autant d'intérêt, de débats, de polémiques et de revendications sur son héritage scientifique, sur ses travaux. Le fait d'avoir organisé sa disparition sans que l'on sache s'il était mort ou vivant en fait une sorte de génie un peu fou qui se serait englouti dans ses élégantes équations. Une sorte de suicide quantique. L'homme qui a découvert le neutrino, la seule particule de matière élémentaire et électriquement neutre, ne cesse d'être redécouvert sur le plan scientifique. On exhume ses papiers, on fouille ses notes, on examine ses traces. En Italie il est quasiment devenu une marque. D'ailleurs son nom a été donné à une pizza...

18

Un délire étatique

C'est une sorte de folie idéologique, une forme d'autisme politique. Une pathologie où se mêlent argent et pouvoir. « Un délire à base d'intoxication doctrinale et idéologique. » La formule du biologiste Jean Rostand montre la profondeur du traumatisme. En effet, quand le scientifique se met au service du politique, quand la raison d'État finit par se confondre avec la raison tout court, le résultat est souvent catastrophique. Le cas de Trofim Denissovitch Lyssenko (1898-1976) illustre bien cette dérive. Elle nous ramène à un temps où les totalitarismes tenaient boutique et ne manquaient pas de clients. Avant de devenir un héros de l'Union soviétique et de régner en potentat sur la recherche biologique en URSS, Lyssenko commence sa carrière comme technicien agricole. Plutôt brillant d'ailleurs. Ce fils de paysans ukrainiens né à Karlovka a le don pour l'expérimentation. Il aime la manipulation des plantes avant de s'adonner à celle des esprits. De plus, il appartient à cette nouvelle « intelligentsia rouge », ces paysans que le pouvoir soviétique veut promouvoir. À Kiev, ses professeurs remarquent ses dispositions. Le jeune

Lyssenko montre en 1927 – l'année d'un hiver particulièrement dévastateur – qu'on peut transformer une terre agricole en prairie et économiser du fourrage. En pleine politique agricole fondée sur le rendement, cette démonstration lui vaut un bel article dans la *Pravda* et le début d'une notoriété qui ne va cesser de croître.

Mais Lyssenko qui sait innover sait aussi emprunter aux autres en faisant croire qu'il s'agit de lui. Dans les années 1850, aux États-Unis, fut mise au point une technique qui permettait de transformer les blés d'hiver en blés de printemps en les soumettant à de basses températures. On appelait cela la « printanisation ». Lyssenko s'approprie la technique et lui donne le nom de « vernalisation ». Plantées au printemps et non en automne, les graines « vernalisées » peuvent produire des épis, ce qui permet de réaliser deux récoltes par an et d'élargir la production des céréales aux zones septentrionales. Sans états d'âme, Lyssenko se fait le promoteur de cette méthode et s'en octroie la paternité. Il prétend ainsi faire sortir l'agriculture soviétique de son marasme. C'est son « semer plus pour récolter plus ». Les biologistes jugent sa méthode peu fiable, mais Lyssenko s'appuie sur les politiques qui applaudissent. Très vite, la technique de Lyssenko devient technique officielle, donc la seule autorisée par Staline. Dans le cadre de sa politique de collectivisation des terres, elle est imposée aux agriculteurs sur un territoire de plus en plus étendu.

En 1935, en faisant référence aux koulaks, ces petits propriétaires paysans qui s'opposent à la collectivisation des terres et qui finiront par millions dans les camps du Goulag, Lyssenko prononce un discours rageur. Puisque la meilleure défense c'est l'attaque, il s'en prend aux « koulaks de la science » qui contestent sa « vernalisation », donc le communisme. « Un ennemi de classe est toujours un ennemi, qu'il soit ou non savant ! » À la tribune Staline applaudit et le gratifie d'un « Bravo, camarade Lyssenko ! ».

Il a choisi son camp. Face aux universitaires « bourgeois », c'est-à-dire tous les spécialistes dont les idées ne sont pas conformes à celles du parti, Lyssenko se fait le prometteur d'une science « prolétarienne ». Cela tombe bien. Staline compte bien éradiquer ces universitaires trop souvent formés à l'étranger, donc à ses yeux corrompus, pour mettre en place une véritable génération de savants soviétiques, des « fils du peuple » dont Lyssenko sera le chef de file. Avec l'académicien, philosophe marxiste et grand inquisiteur I. I. Prezent, il fonde la revue *Vernalisation.* Cela devient le bureau officiel du lyssenkisme.

La *Pravda* qualifie Lyssenko de « génie du sol ». Elle l'assure d'un soutien sans faille dans son combat contre les biologistes mendéliens bourgeois qui considèrent qu'on ne peut pas faire pousser du blé dans la toundra sibérienne selon sa méthode. Lyssenko prend la mouche et dénonce en 1937 en pleine purge stalinienne ces réactionnaires qui finiront dans des camps là où devait pousser ce blé révolutionnaire. Un an plus tard, au nom des services rendus à la patrie et à la science, Lyssenko est nommé à la tête de l'Académie des sciences agronomiques de l'URSS. L'époque des grandes purges staliniennes – deux millions d'arrestations et plus de six cent mille exécutions – est favorable aux délires scientifiques et aux expériences singulières, notamment dans le domaine de l'eugénisme où l'on tente tout et n'importe quoi dans le but d'améliorer l'espèce humaine en lui donnant un surhomme soviétique compatible avec le marxisme.

Du haut de sa chaire Lyssenko théorise. Mais surtout il terrorise. En 1938, le Congrès international de génétique prévu à Moscou est annulé. Les opposants à la nouvelle science révolutionnaire sont emprisonnés sans autre forme de procès, déportés ou fusillés. Lyssenko remet en cause le principe de mutation ainsi que le rôle des chromosomes et des gènes dans l'hérédité et cela ne passe pas dans la communauté scientifique, du moins chez ceux qui ont encore le courage d'émettre une critique sur les travaux du protégé de Staline.

Nikolai Vavilov ose s'opposer au nouveau maître des sciences. C'est un éminent botaniste et généticien qui a beaucoup voyagé en Europe et étudié les systèmes immunitaires des végétaux. Il tente de publier ses travaux en 1939 qui sont rejetés par Lyssenko. «On pourra nous mener au bûcher, on pourra nous brûler vifs, mais on ne pourra pas nous faire renoncer à nos convictions. [...] Renoncer à un fait simplement parce que quelqu'un de haut placé le désire, non, c'est impossible.» Il est arrêté en 1940 comme défenseur de la génétique considérée comme une pseudo-science bourgeoise et meurt trois ans plus tard au Goulag.

Après la Seconde Guerre mondiale, le pouvoir de Lyssenko ne cesse de s'accroître, en dépit de l'effondrement de l'agriculture soviétique. La victoire de

Staline contre les nazis est aussi celle de sa « biologie de classe » qui invite à rejeter les travaux de Gregor Mendel et de Thomas Hunt Morgan, les pères de la génétique. Contre cette science réactionnaire, Lyssenko envisage un strict retour à Darwin et à la théorie de la transmission des caractères acquis exprimée en 1868 dans son ouvrage intitulé *La Variation des animaux et des plantes*. Dans *Agrobiologie*, Lyssenko écrit : « Dans la période post-darwinienne, la plus grande partie des biologistes du monde, au lieu de continuer à développer la doctrine de Darwin, firent tout pour avilir le darwinisme, pour en étouffer la base scientifique. L'incarnation la plus éclatante de cette dégradation est donnée par Weismann, Mendel, Morgan, fondateurs de la génétique réactionnaire contemporaine. » Il termine par cette formule qui fera le tour du monde : « Dans la nature il n'y a pas de concurrence au sein de la même espèce. » Pour lui « la concurrence n'a lieu qu'entre espèces : le loup mange le lièvre, les lièvres ne se mangent pas entre eux : le lièvre broute l'herbe ».

Pour appuyer sa démonstration contre cette génétique bourgeoise et qui plus est inventée par un moine – Gregor Mendel – Lyssenko s'en prend aux travaux d'August Weismann exploités par les nazis dans une perspective ouvertement raciste. L'homme qui veut « bannir le hasard de la biologie » ne voit dans les généticiens que des saboteurs, des ennemis du progrès. En cela, le lyssenkisme est bien un communisme. Il s'accorde parfaitement à Marx, même s'il est absurde, même s'il prétend que des chiens vivant en forêt donneraient naissance à des loups... C'est pourtant ce que prétend Lyssenko quand il affirme que la nature des plantes est conditionnée par le milieu. Même Iouri Jdanov, le fils du bras droit de Staline, Andreï Jdanov, trouve en sa qualité de chimiste que les résultats de cette biologie prolétarienne ne sont guère probants. Il le dit en 1948 et il est vite rappelé à l'ordre par Staline. En retour, Lyssenko prononce un discours délirant sur la « situation de la biologie » en URSS lors d'une session plénière de l'Académie des sciences. Il annonce que son rapport et ses travaux ont été validés par le Comité central du Parti et termine par un « gloire au grand ami et héros de la science, notre chef et notre maître, le camarade Staline ». Les applaudissements obligatoires fusent. La contestation est étouffée.

L'historien et philosophe des sciences Dominique Lecourt a étudié en profondeur ce dossier. Pour lui la tension entre les États-Unis et l'URSS n'a fait qu'asseoir le pouvoir de Lyssenko comme patron de ce scientisme d'État. « Au moment où commence la "guerre froide", la génétique mendélienne sera dénoncée comme "weismanno-morganienne", c'est-à-dire en définitive tout à la fois "cléricale, nazie-mystique et américaine". » En 1948, le sinistre triomphe de Lyssenko est total et Dominique Lecourt explique que tout est désormais verrouillé. « De 1948 à 1952, le pouvoir de Lyssenko fut absolu : aucune de ses décisions ne fut contestée, aucune de ses thèses critiquée. »

Dans les partis communistes occidentaux, c'est la consternation et le silence. En France, quelques scientifiques communistes n'hésitent pas à louer ce lyssenkisme si conforme au matérialisme dialectique. Jacques Monod, éminent biologiste, ronge son frein. Devant l'absurdité d'un tel discours et l'impossibilité de le contester, il quitte le Parti communiste français. « En définitive ce qui ressort le plus clairement de cette grotesque et lamentable affaire, c'est la mortelle déchéance dans laquelle est tombée en URSS la pensée socialiste. » La liberté de parole retrouvée, il fustige « l'épisode le plus étrange et le plus navrant de toute l'histoire de la science ». Les autres continueront à digérer le lyssenkisme jusqu'à la chute de Nikita Khrouchtchev en 1964. Car, malgré une tolérance envers les contestataires depuis la mort de Staline et la réhabilitation de Vavilov, Lyssenko est parvenu à rentrer en grâce auprès du nouveau maître du Kremlin. Même si Lyssenko n'a jamais vraiment réussi à faire redémarrer l'agriculture soviétique et à faire pousser des oranges au pays de Lénine, Khrouchtchev le soutient.

En 1962, pas une ligne n'est consacrée à la découverte de la structure de la double hélice de l'ADN. À Moscou, au sein de l'Académie des sciences, la rébellion monte. Certains savants sont inquiets. Ils ne veulent pas laisser l'innovation à la seule science capitaliste. En 1964, un jeune physicien prend la parole pour en finir avec cette « abominable et douloureuse période de l'histoire de la science soviétique ». Il s'appelle Andreï Sakharov.

Comme il y avait eu déstalinisation, il y eut « délyssenkonisation ». En 1965, Lyssenko est démis de ses fonctions de directeur de l'Institut de génétique. Il se retire dans sa ferme modèle avec ses vaches qu'il nourrissait de mélasse et de biscuits pour augmenter la teneur en matière grasse de leur lait... Non seulement Lyssenko était dingue, mais il truquait ses résultats pour justifier son délire d'une science devenue religion d'État dont il s'était attribué le rôle de grand prêtre. Cette théorie qui régna en maître sur un pays eut un apport scientifique nul. Au nom du politique, Lyssenko s'enferra dans sa folie. Il finit par croire qu'il avait raison au nom de l'idéologie. Après sa chute, on le voyait déambuler dans les couloirs de l'Académie des sciences, un regard absent sur une silhouette décharné, sinistre fantôme d'un opéra sordide. L'homme à qui on avait élevé des statues et sur lequel on avait composé des chants repris dans les écoles finit sa vie en 1971 à Kiev, oublié de tous. Il aura vu ses statues enlevées, la génétique et le hasard l'emporter, mais jamais il ne reconnaîtra s'être fourvoyé. Ainsi que le souligne Dominique Lecourt «l'“affaire Lyssenko” restera dans les mémoires comme le cas le plus spectaculaire d'une mystification politique qui ait affecté la communauté scientifique au XXe siècle». Jean Rostand parlera d'un «délire à base d'intoxication doctrinale et idéologique», délire qui est resté doctrine officielle en Union soviétique jusqu'en 1965.

À la fin des années 1980, le biologiste russe Valery Soyfer s'est appuyé sur l'ouverture des archives soviétiques pour montrer que Lyssenko n'était qu'une marionnette de Staline. Les considérations agronomiques comptaient pour du beurre. Il fallait seulement asseoir une théorie qui consolidait l'idéologie dominante. Staline aurait pu demander des comptes à

Lyssenko sur l'efficacité de sa méthode. Il ne l'a jamais fait. Au contraire, il a maintenu son poulain devenu fou à la tête de la science officielle. Lyssenko lui a servi à éliminer la génération « bourgeoise » qui aurait pu résister. Certes le matérialisme dialectique appliqué aux sciences de la nature a joué un rôle pervers dans cette aventure. Mais le plus pervers dans cette histoire reste encore Staline. Une pseudo-science au service d'une vraie politique. Totalitaire. Dans tous les sens du terme.

19

L'admirateur de Blanche-Neige

7 juin 1954, dans la banlieue de Manchester. Comme chaque soir, en rentrant de l'université où il travaille depuis six ans, Alan Turing mange une pomme avant de s'endormir. Cette fois, il a trempé le fruit dans le cyanure. Un coup de dent, un coup de folie, a suffi pour que disparaisse dans l'indifférence la plus complète le père de l'informatique et de l'intelligence artificielle. Un cerveau s'est suicidé. Certes, le mathématicien était un inconditionnel du *Blanche-Neige* de Walt Disney, sorti en 1937. Certes, il était perturbé par une sexualité envahissante. Certes, il dépensait son appétit dans le marathon dont il devint un champion. Certes, il avait poussé sa réflexion aux frontières des mathématiques en recherchant carrément, au point de se perdre, le programme de la nature, celui qui aurait expliqué l'apparition de la vie. Mais les raisons qui ont poussé ce génie scientifique au désespoir suprême sont aussi à rechercher dans la morale de la société post-victorienne, société dont il fut pourtant un héros lors de la Seconde Guerre mondiale. Ce fut lui, en effet, qui réussit à décrypter les messages codés par la machine « Enigma » et envoyés

par radio de Berlin aux sous-marins allemands faisant le blocus de l'Angleterre. Il sera décoré par Churchill pour avoir contribué à éviter l'invasion nazie et participé à la victoire de 1945.

Il aurait dû l'être pour la suite. Après la guerre, ce jeune homme tourmenté, également théoricien de la biologie et philosophe, a conçu le projet de l'ordinateur et l'a rendu opérationnel avant le projet américain concurrent. Il avait également envisagé de « construire » un cerveau. Mais de tout cela, peu de gens furent informés. Alan Turing (1912-1954) était un homme secret, condamné au secret pour ses recherches avant de l'être pour homosexualité.

À la suite d'un procès discret en 1952, il fut contraint de choisir entre la prison et un traitement hormonal. Il choisit la seconde solution qui entraîna des effets secondaires grotesques : il devint impuissant et des seins lui poussèrent. Son inspiration s'était tarie et on l'écarta de tout travail créatif sur les calculateurs. N'en pouvant plus, vidé par la castration chimique et la dépression, il mit fin à ses jours à l'âge de quarante-trois ans.

Avant cet acte fatal, Turing avait parsemé sa vie d'excentricités. Bletchley Park fut le lieu de ses premiers exploits. Situé à quatre-vingts kilomètres de Londres, ce manoir victorien abritait pendant la guerre les « briseurs de code », mathématiciens, linguistes ou joueurs d'échecs qui décryptaient les messages secrets allemands. Dans la campagne anglaise, on apercevait Turing, silhouette longiligne sur une bicyclette, le visage dissimulé par un masque à gaz... « C'est pour me protéger du rhume des foins ! » Au sein de cette officine gérée par la discipline militaire, il entrait sans prévenir, marmonnait quelque chose d'incompréhensible, puis tournait les talons. Dans son bureau, il attachait sa tasse de thé au tuyau d'un radiateur avec un cadenas dont il oubliait fréquemment la combinaison. Sa manière de gérer ses économies relevait de la même fantaisie. Au début de la guerre, il acheta deux lingots d'argent. Il les dissimula, l'un dans un bois, l'autre sous un pont. Il rédigea un plan avec des instructions codées, glissa le tout dans une bouteille qu'il cacha sous un autre pont et ne retrouva jamais son magot... Et puis, il y avait cette passion pour le *Blanche-Neige* de Walt Disney sorti en 1937. Il avait vu le film autant de fois qu'il y avait de nains ! Souvent, il fredonnait les mots de la sorcière : « Plonge la pomme dans le brouet/Et laisse le sommeil de Mort l'imprégner. »

On reconnaît maintenant qu'Alan Turing fut le grand pionnier des théories informatiques et le créateur de l'intelligence artificielle. Son œuvre complexe permet également de mieux comprendre le monde de la technoscience dans lequel nous vivons aujourd'hui. Même si Steve Jobs s'en défend, on retrouve cette histoire et cette pomme croquée comme un hommage crypté dans le logo de l'une des plus grandes aventures industrielles informatiques du XXe siècle avec les produits Macintosh dont la raison sociale, Apple, est représentée par une pomme croquée. Ajoutons que cette pomme informatique s'est parée quelque temps des couleurs de l'arc-en-ciel comme le *rainbow flag*, le drapeau de la communauté gay, avant d'opter pour un bleu puis un blanc beaucoup plus consensuels. Après une longue période de purgatoire et d'oubli, le destin de ce personnage au visage long et au regard perdu a fini par illustrer l'omniprésence de l'ordinateur dans la société.

Alan Turing fut cet homme qui a croqué la pomme au sens propre, mais aussi celui qui a mordu à la pomme de l'interdit moral tout comme à la pomme du savoir. De tous ces fruits défendus, il balisa son destin. Il le fit vite, à la vitesse du marathonien qu'il était aussi. Jamais, en effet, on ne trouva un savant qui allia avec tant d'harmonie la tête et les jambes. L'esprit embrumé par les équations, Alan Turing a mené sa course à son rythme, toujours droit devant, en distinguant de moins en moins la ligne d'arrivée. Peut-être ne l'intéressait-elle plus ? Il lui suffisait d'avancer pour se convaincre d'aller plus loin en ne voyant pas qu'il s'éloignait d'autant de lui-même.

Il y a une similitude entre le vertige poétique et le vertige mathématique. Tous deux fonctionnent sur le symbole. Ils utilisent un langage codé et procurent le sentiment d'avoir trouvé, d'avoir dit juste, d'accéder à une autre dimension de l'art et du savoir. Le grand sociologue Norbert Elias l'a brillamment montré : l'homme n'est pas une entité indépendante, mais un processus de construction directement inséré dans le flux temporel de son époque. Le moi n'a rien d'abstrait. Chaque destinée singulière est le produit d'une tension contradictoire entre un libre arbitre, des désirs, des besoins spécifiques et une matrice culturelle sur laquelle sont gravées les valeurs et les normes du temps. Cette tension, trop forte, trop pesante, brisa Alan Turing. Il en reste un destin exceptionnel, fulgurant et tragique.

Un banc dans Sackville Park, à Manchester, avec un homme assis, encore jeune, plutôt élégant, tenant une pomme dans sa main. La sculpture est signée du Britannique Glyn Hughes. Elle a été inaugurée en grande pompe le samedi 23 juin 2001, la communauté homosexuelle ne voulant pas rater l'occasion de rendre hommage à l'un de ses derniers martyrs. Dans son discours, Pat Kamey, membre du conseil municipal de Manchester, a rappelé qu'il était honteux que Turing n'ait pu durant sa vie exprimer ouvertement sa sexualité. « C'est une grande occasion pour la communauté gay et l'université de venir ensemble honorer sa vie. » Richard Humphry, secrétaire du Alan Turing Memorial Fund, a abondé dans le même sens. Chaque année d'ailleurs, la Gay Pride de Manchester n'oublie pas dans son parcours ce jeune homme de bronze figé pour l'éternité dans ses rêves. Il voyagea dans les mathématiques les plus lointaines, mais l'œuvre de Hughes ne nous en dit rien. Il pourrait tout aussi bien donner à manger aux oiseaux. Que reste-t-il donc d'Alan Turing ? Nul doute aujourd'hui que son parcours de victime de la société a plus fait pour sa postérité que ses articles que personne ne comprenait. Quelqu'un a dit un jour que le génie se contentait d'exception. Turing a vécu toute sa vie dans un monde d'exception. Exception parentale tout d'abord. Exception scientifique ensuite. Exception sexuelle enfin. Toutes ces exceptions mises bout à bout forment un long cortège de solitude. Toujours, Turing fut seul. Dans sa pensée, dans ses écrits, dans sa vie. Il n'eut personne avec qui partager ses démons logiques, sa soif du chiffre et du décryptage, sa passion pour les secrets du monde. Reste l'intelligence artificielle. Peut-elle être autre chose qu'artificielle l'intelligence, une fabrication convenue, plus ou moins efficace, mais convenue tout de même ? Personne n'aurait l'incongruité de parler de génie artificiel. Tandis que l'intelligence, si. Turing avait bien compris la différence. Le concepteur de l'ordinateur voulait bien mettre l'intelligence artificielle à la disposition du plus grand nombre. Il savait que la différence, c'est le génie de l'opérateur qui la fournirait. En inventant ce formidable outil, Turing donnait au XXIe siècle son feu. On pouvait, comme à l'époque préhistorique, en tirer le meilleur comme le pire. Cela il ne l'avait pas prévu. Au sortir de la guerre, Turing envisageait l'informatique comme un moyen d'éviter d'autres conflits.

Alors que reste-t-il de Turing ? D'abord une image, celle que l'on voit souvent. Cette photographie d'un homme prêt à descendre d'un bus. Et puis cette pomme, cette fameuse pomme qui fit tant jaser, cette pomme de discorde qui fut aussi celle du savoir absolu, celui qui vous coupe des autres, vous isole, vous contraint à la solitude, à la méditation ou à la course à pied. « Je suis mathématicien. Les mathématiques ont rempli ma vie », annonçait Laurent Schwartz en ouverture de son autobiographie. Turing aurait pu dire de même. Il aurait également souscrit à cette autre déclaration. « Pour faire des découvertes, le mathématicien est obligé de renverser tous les tabous. Trouver quelque chose en mathématiques, c'est vaincre une inhibition et une tradition. On ne peut pas avancer si on n'est pas subversif. » Subversif,

Alan le casseur d'« Enigma » le fut toute sa vie, avec la société comme avec ses recherches. Il avait compris qu'il fallait ouvrir les mathématiques à d'autres savoirs. « Les mathématiques ont très peu profité des recherches en matière de logique symbolique. La raison principale semble en être le manque de communication entre les logiciens et les mathématiciens ordinaires. Pour la plupart des mathématiciens, la logique symbolique n'apparaît que comme un charabia très inquiétant, et les logiciens ne font rien pour la rendre plus attrayante. »

Jean Dieudonné, un des grands mathématiciens français et un des fondateurs du groupe Bourbaki qui révolutionna la discipline dans l'après-guerre, se méfiait de certains pans de sa discipline et de la suprématie accordée à la logique. « Toutes ces questions, pour intéressantes qu'elles soient, surtout philosophiquement, ne touchent qu'une section très faible des mathématiques. » En cela, il fut aussi le pur produit d'une période, de la fin du XIXe siècle à la fin des années 1930, durant laquelle de nombreux mathématiciens furent ébranlés par une crise logique qui sapait les fondements de leur discipline. De toute part, on mettait en évidence les paradoxes et les difficultés de raisonnement. Cette crise a permis non seulement d'avancer mais de donner naissance à l'informatique.

Turing et sa machine ont eu une belle postérité. Scientifique tout d'abord. Depuis 1966, le A. M. Turing Award décerné en Israël par l'institut Weizmann, doté de cent mille dollars, est le prix d'informatique le plus prestigeux. La liste des lauréats suffirait à elle seule à honorer la mémoire du mathématicien. On y trouve par exemple pour l'année 1969 Marvin Minsky, l'un des fondateurs du domaine de l'intelligence artificielle au fameux Massachusetts Institute of Technology, qui à la fois pour rendre hommage au jeune homme qui décrypta « Enigma » et pour vulgariser ses propres travaux écrivit en 1992 avec le romancier Harry Harrison, l'auteur de *Soleil vert*, un étonnant thriller de science-fiction intitulé *Le Problème de Turing*. Il mettait en scène un mathématicien remarquable du nom de Brian Delaney qui, dans un avenir proche, avait réussi à créer une machine intelligente. Celle-ci disparaissait avec ses notes et ses commanditaires étaient tués. Lui-même était victime d'une tentative d'assassinat qui ne lui laissait que la moitié de son cerveau. Avec l'autre, il construisit la première prothèse cérébrale et partit à la recherche de sa machine pensante qui, comme la créature du docteur Frankenstein, avait pris le large.

Divers artistes furent inspirés par ce destin peu commun. Outre la pièce d'Hugh Whitemore, *Breaking the Code*, jouée en 1986 à Londres avec Derek Jacobi dans le rôle de Turing, puis adaptée avec le même acteur pour la télévision par Herbert Wise, la vie de Turing a fait l'objet d'un opéra joué à Sidney dans ces mêmes années 1980. Pour lui rendre hommage, trois musiciens new-yorkais de Brooklyn ont formé en 1995 Turing Machine, un groupe de rock mathématico-techno-électrique qui a sorti son premier album en l'an 2000 sous le titre *A New Machine for Living*. C'est bien sûr ici la fascination pour la découverte qui l'emporte sur l'homme car comment s'accrocher à un parcours aussi atypique ?

Dès qu'il est question de génie, les métaphores fusent et l'on reste coi. Qui oserait expliquer pourquoi Rimbaud a écrit les *Illuminations* ? Qui oserait affirmer les raisons de tel jaune ou de tel bleu chez Van Gogh ? Qui oserait justifier les premières notes d'une partita de Bach ? En revanche, dès qu'il s'agit de la science, on veut nous faire croire que $E = mc^2$ relève de l'évidence, du raisonnement logique. Or rien n'est plus faux. Qu'il soit poète, artiste, musicien, physicien ou mathématicien, le génie ne se résume pas. Il est lui-même un résumé, un raccourci, une voie que personne n'avait osé emprunter avant lui. Turing, incontestablement, appartient à cette catégorie de personnes étranges capables d'envisager autrement la réalité. Nous n'avons pas besoin de comprendre le sens de toutes ces équations pour arriver à cette conclusion. Sa vie, sa vision du monde et ses travaux prouvent qu'il a ouvert une voie nouvelle dans le territoire des mathématiques et de l'intelligence artificielle.

L'existence, ce n'est qu'une zone de turbulences entre l'être et le néant. Alan Turing aura conduit son aéronef personnel avec détermination. Avec une certaine nonchalance, et un grain de folie aussi. Peu sûr de la destination, seul lui importait le parcours. Il l'avait bien balisé, à sa façon, avec des étapes bien précises. Même si le hasard a pu jouer un rôle dans cet itinéraire, n'oublions pas que nous avons affaire à un spécialiste de la probabilité et que, pour lui, le hasard n'est qu'une question de séquence et de chiffres. Turing a choisi son destin à moins qu'il n'ait été choisi par lui. La connaissance est un remède contre l'ennui. Ce n'en est pas un contre la mort. Cela se saurait. Quant à la place de Turing dans l'histoire, elle peut prendre différentes formes, selon que l'on parle de sciences, de guerre, de liberté ou de mémoire comme cette plaque apposée à Londres en 1998 au 2, Warrington Cresent, dans le quartier de Westminster, qui indique sobrement : « Alan Turing (1912-1954), briseur de code et pionnier de l'informatique, est né ici. »

20

Le mutique du quantique

Pour rire, des physiciens ont donné une unité de mesure au débit verbal : le dirac. Cela correspond à cent mots par an ! À un dirac on se situe dans l'autisme. À sept, on n'en est pas très éloigné et on s'appelle Paul Dirac (1902-1984). Une légère moustache, le front haut un peu dégarni, des cheveux épais, un regard perçant et une bouche dont rien ne sort. Ce physicien, que les Anglais considèrent comme l'un des plus importants depuis Newton auquel il a d'ailleurs succédé comme professeur « lucasien » à l'université de Cambridge, n'était ni beau parleur ni haut parleur ; il n'était pas parleur du tout. « Il ne parlait guère, précise Étienne Klein, que lorsqu'il jugeait la chose absolument indispensable et toujours en usant du plus petit nombre de mots possible. » On doit néanmoins à cet économe du verbe une célèbre équation publiée en 1928 permettant de faire le lien entre la relativité qui concerne l'infiniment grand et la mécanique quantique qui s'applique à l'infiniment petit. Autant dire une révolution !

Conséquemment, cette équation relativiste de l'électron qui théorisait l'existence d'une antiparticule associée à l'électron – le positron – ouvrira la porte à ce qu'on appellera par la suite l'antimatière. On découvrira en effet qu'à chaque particule constitutive de la matière correspond une antiparticule formant l'antimatière. Einstein salua la performance à sa juste mesure en estimant que les physiciens devaient à Dirac la présentation « la plus logiquement parfaite » de la mécanique quantique. À l'évidence, l'œuvre de Dirac parlait pour lui. Mais lui ne parlait pas. Son vocabulaire se limitait le plus souvent à « oui », « non » et « je ne sais pas ». Enfin, dans le meilleur des cas...

Graham Farmelo considère que Dirac possédait toutes les caractéristiques de l'autisme des génies. Il a donné à sa biographie un titre explicite : « L'homme le plus étrange ». La formule reprend un jugement de Niels Bohr à propos de ce savant qui vivait dans un univers élégant, un monde constitué d'équations magnifiques, de théories splendides et de découvertes admirables. Tout devait être harmonie pour Dirac. Pour lui la beauté était scientifique. La grâce formelle devait accompagner la logique. « Dieu a utilisé de belles mathématiques pour créer le monde. » Tout le reste relevait du superflu. La parole risquait même de rompre ce fragile équilibre où tout n'était qu'ordre, nombre et quantité.

Leopold Infeld, collaborateur d'Einstein à Princeton, a raconté sa première visite chez Dirac. Personne ne l'a prévenu et le jeune physicien polonais se retrouve nez à nez avec le grand mutique du quantique. Il commence en demandant à Dirac son indulgence pour son anglais alors limité. Aucune réaction. « J'ai parlé avec le professeur Fowler. Il m'a dit que j'étais censé travailler avec vous. Il proposait que je travaille sur l'effet de conversion interne de positrons.» Silence mortel. «Avez-vous une objection à ce que je travaille sur ce sujet?» Dirac le regarde. «Non.»

Certains ont cru voir dans cette attitude une forme d'humour. C'était pour se rassurer. Car Dirac était bel et bien maladivement isolé. Il s'était enfermé dans sa science à double tour. Il s'en était fait une camisole physique, un lieu paisible, idéal, où tout fonctionnait selon la distinction tranquille des mathématiques. Le monde quantique était fermé de l'intérieur et le physicien s'en accordait pleinement.

Graham Farmelo avance une hypothèse pour expliquer ce comportement. Le physicien était d'origine charentaise. En soi, ce n'est pas un handicap. Sauf que, dans son cas, ce fut un calvaire. Son père, Charles Dirac, était né à Saint-Maurice en Suisse, dans le canton du Valais, mais il n'avait pas oublié ses racines françaises. C'était un homme autoritaire qui n'avait jamais supporté d'avoir à abandonner sa langue. Ainsi, lorsqu'il s'installa à Bristol puis épousa Florence Holten avec qui il eut Charles, Isabelle et Paul le cadet, il força ses enfants à s'exprimer en français. À la maison, chaque maladresse était sanctionnée. Paul éprouvait les plus grandes difficultés avec les langues étrangères, en particulier avec le français. Plutôt que d'être repris sans cesse par son père sur ses fautes de prononciation ou de grammaire, il choisit de parler le moins possible. Très jeune, il se contenta ainsi du minimum. Cela tombait bien. Verbalement, la voie qu'il avait choisie – les mathématiques – en demandait peu.

À douze ans, il entre à l'école secondaire où enseignait son père. Toujours en avance sur le programme il étudie dans des livres. Les universités de Bristol puis Cambridge paraissent être des formalités pour ce pur esprit de la physique qui apprécie les valses de Chopin et Mickey Mouse... En 1925, il rencontre Niels Bohr et Werner Heisenberg, deux géants de l'atome avec lesquels il échange des équations plus que des mots. Six mois après son arrivée à Cambridge, il publie deux documents en mécanique statistique et en physique des atomes. Il est vite repéré dans la communauté internationale des physiciens comme l'un des chercheurs les plus prometteurs. En 1924, il signe cinq travaux sur les problèmes quantiques. Dirac a choisi son terrain d'étude, il n'en sortira pas. Durant sa période de thèse, son frère Charles se suicide. Cet événement tragique aggrave son mutisme. Il commence à souffrir de problèmes digestifs. Déjà peu sociable, il finit par ne se sentir bien qu'avec ses livres. Après sa thèse, il part travailler avec Bohr à Copenhague. En 1927, à seulement vingt-cinq ans, il est invité au cinquième prestigieux congrès Solvay qui réunit tout le gratin de la physique. Il y rencontre Albert Einstein qui le traite en égal, comme l'un des rares à comprendre ses recherches. Dirac a trouvé sa famille : la physique théorique. Et il s'exprime fort bien dans la langue commune : les mathématiques.

Le physicien américain Freeman Dyson voit Dirac comme un artiste. « Ses grandes découvertes sont comme des statues de marbre finement sculptées, alignées les unes après les autres. » Parmi cette fameuse collection, il y a l'équation de 1928 qui prédit le positron qui ne sera observé qu'en 1932. Pour cela, Dirac est reconnu comme un génie des sciences. En 1933, il partage le prix Nobel de physique avec Erwin Schrödinger pour « la découverte de formes nouvelles et utiles de la théorie atomique ». D'une timidité maladive, il a demandé à sa mère de l'accompagner à Stockholm pour la remise de son prix afin qu'elle fasse écran entre lui et les journalistes. Il faut dire qu'avec la presse ses relations furent des expériences éprouvantes, tant pour l'intervieweur que l'interviewé. Le biophysicien Walter Grazer rapporte cet entretien édifiant dans *Eurekas and Euphorias* :

« Professeur Dirac, j'ai remarqué que vous aviez beaucoup d'initiales devant votre nom de famille : P, A et M. Ont-elles une signification particulière ?

— Non.

— Vous voulez dire que je peux les interpréter comme je le veux ?

— Oui.

— Si, par exemple, je disais que les lettres P, A et M signifient Poincaré, Aloysius et Mussolini, cela vous irait ?

— Oui.

— Bien... Pouvez-vous me donner des nouvelles de vos recherches ?

— Non.

— Bon... Qu'est-ce que vous aimez le plus en Amérique ?

— Les pommes de terre.

— Allez-vous au cinéma ?

— Oui.

— Quand ?

— En 1920. Peut-être aussi en 1930.

— Aimez-vous lire les bandes dessinées dans les journaux ?

— Oui. »

L'échange qui date de 1931, alors que Dirac se trouvait à l'université du Wisconsin, se poursuit de la même manière avec d'autres questions qui n'obtiendront que des oui ou des non. Le journaliste reste persuadé que durant tout l'entretien le physicien pensait à autre chose, sans doute à un problème qu'il tentait de résoudre. Bref, Dirac, comme à son habitude, n'était pas très présent.

En 1935, deux ans après son Nobel et après avoir tenté de comprendre ce qui différencie théoriquement une jolie fille d'une moche il se marie avec Margit Wigner, la sœur du physicien Eugene Wigner, avec qui il aura deux filles. Il adoptera également d'autres enfants de Margit d'un précédent mariage dont Gabriel Andrew Dirac qui deviendra mathématicien. Cette nouvelle vie de famille atténue son autisme, mais le savant demeure avec les siens comme avec ses collègues, peu communicatif. Après une brillante carrière à l'université de Cambridge, le respecté « professeur lucasien », que les étudiants voyaient déambuler sur le campus l'air absorbé, rejoint en 1970 l'université de Floride. Il s'y éteint dans le silence quatorze ans plus tard.

Plusieurs spécialistes ont montré les liens entre l'autisme et l'exceptionnelle capacité mathématique. Ce fut le cas de Paul Dirac qui abandonnait son esprit à la solitude au cours de longues marches durant lesquelles il réfléchissait à la mécanique quantique et à un monde qu'il ne voyait que par les chiffres. « Les méthodes de la physique théorique devraient être applicables à toutes les branches de la pensée dans lesquelles les caractéristiques essentielles sont exprimables par des chiffres. » C'est que, dans ses dernières années, il en vint à s'intéresser à l'économie. « La cause de tous nos problèmes économiques provient d'un système économique qui tente de maintenir une égalité de valeur entre deux choses, alors qu'il serait préférable de la reconnaître dès le début comme inégale. » Dirac considérait les points communs entre le monde quantique et le monde économique. « Il y a une grande similitude entre les problèmes créés par le comportement mystérieux de l'atome et les paradoxes économiques que connaît actuellement le monde. »

Graham Farmelo le montre comme un mystique de l'atome. Si Newton fut le Shakespeare de la physique britannique, Dirac en fut le Milton. Son *Paradis perdu*, ce furent *Les Principes de la mécanique quantique* publiés en 1930. L'homme qui parlait peu reste un des plus grands savants du XXe siècle, l'égal d'un Einstein, le découvreur de l'idée révolutionnaire de l'antimatière qui jeta dans les années 1930 les bases de la physique moderne. Et si dans les milieux scientifiques on colportait volontiers quantités d'anecdotes sur ce grand silencieux on lui accordait toujours le privilège du génie un peu fou, mais du génie quand même. Emilio Segrè, l'un des découvreurs de l'antiproton, demanda un jour à son collègue Enrico Fermi s'il n'échangerait pas tous ses travaux d'une vie pour un papier de Dirac. La réponse fut « si ».

21

Faites sauter la bombe

Schizophrénie. Un autre nom pour dire folie. Ce fut le diagnostic porté par un psychiatre à son sujet lorsqu'il était étudiant à Cambridge, en Angleterre. Toujours est-il que la veille de l'essai de la bombe atomique Trinity le 16 juillet 1945 dans le désert d'Alamogordo, Robert Oppenheimer (1904-1967) se promenait à deux cent cinquante kilomètres de là, au laboratoire de Los Alamos, avec un exemplaire des *Fleurs du mal* dans sa poche. Lui à qui Dirac, exceptionnellement disert, reprochait d'écrire de la poésie au lieu de faire de la science...

« Comment peux-tu faire de la physique et de la poésie en même temps ? Le but de la science est de rendre des choses difficiles compréhensibles de manière simple ; celui de la poésie est de dire des choses simples de manière incompréhensible. Les deux sont incompatibles. »

Oppenheimer avait choisi de ne pas choisir. Il fallait bien un peu d'incompréhension pour supporter ce qui se déroulait. La boule de feu provoquée par Trinity avait atteint le million de degrés et la puissance de l'explosion était évaluée à 18,6 kilotonnes de TNT ! Devant une réussite aussi effroyable, le savant ne put s'empêcher de plonger dans Baudelaire. « Amis de la science et de la volupté,/Ils cherchent le silence et l'horreur des ténèbres. »

Le plus grand programme militaro-scientifique jamais entrepris s'acheva sur une catastrophe morale. Et Oppenheimer, s'il n'était pas aussi schizophrène que le psychiatre l'avait prétendu, était d'une grande fragilité émotionnelle. On connaît la fameuse phrase prononcée par le physicien au président Truman après le désastre d'Hiroshima : « Nous avons du sang sur les mains. » Et la réplique du président des États-Unis : « Ne vous inquiétez pas, ça part au lavage... »

Oppenheimer le héros, celui que son premier biographe Haakon Chevalier qualifiait de « Faust du XXe siècle qui a vendu son âme pour la bombe atomique », deviendra l'homme à abattre sous le maccarthisme. Le traducteur américain de *La Condition humaine* de Malraux avait intitulé le portrait du physicien *L'Homme qui voulait être Dieu.* Sans doute est-ce pour cela que le FBI l'accusa d'avoir conspiré contre les États-Unis en travaillant pour les Soviétiques.

Oppenheimer n'est pas le docteur Folamour, mais il a incarné l'image du scientifique par qui la catastrophe arrive. Certes, il ne fut pas le seul à permettre de déclencher le feu atomique. Mais il fut au cœur du projet Manhattan.

Robert Oppenheimer est né dans une famille new-yorkaise très aisée. On y collectionnait des œuvres d'art, on y discutait création, on s'intéressait à tout ce qui élève l'homme et lui permet d'échapper à sa condition. Ses parents l'encouragent à se lancer dans une carrière intellectuelle. Cela tombe bien, Robert n'avait jamais envisagé autre chose. Il s'inscrit à Harvard. Un de ses professeurs remarque ses dispositions exceptionnelles en physique mathématique et l'envoie étudier en Angleterre. En 1925, il est admis au Christ College, à l'université de Cambridge, où il est présenté à Sir Ernest Rutherford, une des sommités de la physique. En Grande-Bretagne, il fréquente les plus grands savants de l'époque puis se rend en 1926 à Göttingen pour parfaire pendant un an sa connaissance de la théorie quantique avec Max Born. Son savoir dans les domaines de la physique et des mathématiques est désormais vaste. À seulement vingt-deux ans, il apparaît bien comme un des nouveaux espoirs de la science de l'époque. Lors de son bref retour en Angleterre, à Cavendish, il connaît une crise émotionnelle intense que l'un des deux psychiatres qu'il consulte identifie à de la schizophrénie. On n'en sait pas plus. Après avoir fréquenté Heisenberg, Dirac et Pauli, Oppenheimer est plongé dans cette nouvelle mécanique qui sonde les secrets de la matière. Et cela le perturbe. Lors d'un séjour à Paris, il manque d'étrangler son ami Ferguson. Il est sujet à des accès de colère violents. Il se met à courir dans les rues et on dit qu'il fréquente des prostituées à Londres. On n'en saura pas plus sur cet intermède européen qui a visiblement ébranlé le physicien.

Revenu aux États-Unis, Oppenheimer est attaché à l'université de Berkeley, en Californie, où il se révèle un professeur exceptionnel. Sa manière d'enseigner la physique théorique lui vaut une belle notoriété auprès des étudiants. Ils apprécient son charisme, sa clarté et sa culture qui lui permet de faire des allusions à l'art, à la littérature ou à la politique, sans jamais paraître hors sujet. Il est également apprécié de ses collègues pour ses articles sur la cosmologie, l'atome et la mécanique quantique. En 1936, il rencontre Jean Tatlock. Elle est séduisante, étudiante en psychologie à Berkeley et militante. Elle n'est pas encore psychiatre, mais elle est déjà membre du Parti communiste. Lui n'a pas encore lu Lénine. C'est le coup de foudre et leur relation amoureuse va constituer la grande initiation politique de Robert Oppenheimer, celle qui lui vaudra par la suite bien des ennuis avec le FBI d'Edgar Hoover.

En 1943, Oppenheimer est nommé directeur du centre de Los Alamos. Il n'a que trente-neuf ans et il doit assurer la liaison entre les militaires et les scientifiques. Le général Leslie Groves a eu toutes les peines à nommer ce physicien qu'il considérait comme le plus apte à mener à bon terme le projet Manhattan et qui lui avait conseillé d'installer les scientifiques dans un site isolé où ils pourraient travailler en toute liberté. L'enquête des services de sécurité avait pourtant émis un avis défavorable en raison des sympathies communistes d'Oppenheimer. Mais Groves se portait garant de ce physicien sans prix Nobel et sans compétence particulière comme administrateur d'un laboratoire où travaillaient des chercheurs de haut niveau, des techniciens et des milliers d'employés. L'avenir lui donnera raison.

Le 6 août 1945, la ville d'Hiroshima est rasée à soixante-cinq pour cent. Trois jours plus tard, le

9 août, une bombe au plutonium, cette fois, est lâchée sur Nagasaki. Les deux productions du projet Manhattan ont fait plus de cent quarante mille morts. « Nous venons de lâcher sur le Japon la force d'où le Soleil tire sa puissance. Nous avons maîtrisé l'énergie fondamentale de l'Univers », se vante la Maison-Blanche dans un communiqué radiophonique qui stupéfie le monde. Dans un éditorial de *Combat*, Albert Camus s'insurge. « La civilisation mécanique vient de parvenir à son dernier degré de sauvagerie. » Ce ne sont plus les savants qui sont devenus fous mais la science tout entière. Oppenheimer est consterné. Il est porté aux nues dans les médias américains. Lui vient de comprendre qu'il s'est passé quelque chose de grave, de fondamental. Avant lui certains scientifiques se sont pris pour Dieu, en rêvant de créer d'autres espèces, d'autres hommes, d'autres mondes. Après lui, on sait que les scientifiques peuvent détruire, complètement. Surtout s'ils travaillent avec les militaires...

Oppenheimer en a bien pris conscience. En 1947, il succède à Albert Einstein comme directeur de l'Institute for Advanced Studies à l'université de Princeton et il s'exprime publiquement sur le sujet. « Dans un sens un peu grossier que ni la vulgarité, ni l'humour, ni l'exagération ne peuvent faire disparaître entièrement, les physiciens ont connu le péché ; et c'est une connaissance dont ils ne peuvent se défaire. »

Oppenheimer s'est retrouvé au centre de tous les débats sur la responsabilité de la science après la Seconde Guerre mondiale. Il n'était pas qu'un physicien, un expert de l'atome. C'était aussi un homme cultivé. William L. Laurence, le seul journaliste autorisé à couvrir le projet Manhattan, le décrit comme un poète et un rêveur, lecteur de textes en sanskrit et de tracts révolutionnaires. Sa bibliothèque est fournie en littérature française et dans sa maison de Princeton, ainsi que le firent ses parents à New York, il collectionne les tableaux de Derain, Vuillard et Van Gogh. C'est le mystère de la vie qui l'intéresse, pas les armes de la physique. Et pourtant...

Tout le monde décrit le directeur de l'Institute for Advanced Studies comme un personnage fascinant qui magnétisait son entourage. Il se dégageait quelque chose de ce docteur atome, un charisme qu'il utilisa pour faire passer la monstruosité qui se profilait derrière le projet Manhattan. C'est à lui que l'on doit d'avoir su arrondir les angles entre les scientifiques et les militaires.

Ses collègues racontent volontiers cette dimension quasi messianique. Le calme de ses yeux bleus contrastait avec sa tension intérieure. Oppenheimer cachait une intensité nerveuse par une sorte de calme olympien. Il ressentait les moindres soubresauts du monde, il n'en laissait rien paraître. Sa vie devint tragique. Sa figure prit le masque de ce drame. Un personnage shakespearien, plongé dans la folie des hommes. Ce lecteur de Dante a endossé tous les rôles : héros, martyr, philosophe subtil, technocrate borné, intellectuel engagé. Il était tout cela non pas à la fois mais à la suite. Chaque période le voyait changer d'identité. Pour pouvoir supporter ce destin qu'il avait tout de même un peu choisi. Il avait voulu être un leader de la science. Il en sortit bouc émissaire. Parce qu'il fut par la suite un pacifiste convaincu, et qu'il prit position en faveur du communisme, on le soupçonna de travailler pour l'URSS. Le FBI lui fit des misères. Eisenhower le suspendit en 1953. On chercha à le confondre comme espion. Sa notoriété de savant, ses amitiés et le soutien d'Einstein ne sauvèrent pas sa certification qui lui fut retirée en 1954. On lui reprochait d'avoir revu Jean Tatlock en 1943, après avoir été nommé directeur du laboratoire de Los Alamos et de lui avoir fourni des renseignements, ce qu'il a toujours nié. La jeune femme, nerveusement fragile et soignée pour dépression, se suicida au début de 1944.

Dans les années 1950, Oppenheimer arpenta le monde en donnant des conférences sur l'éthique de la science et le gouvernement américain lui décerna en 1963 le prix Enrico Fermi pour ses travaux dans les domaines de l'énergie...

Aucun homme sensé ne peut porter sur les épaules le poids de milliers de morts. Oppenheimer ne l'a pas supporté. Il avait mis sa science, mais aussi la science tout entière avec ses centaines de chercheurs, au service d'une cause simple : éviter que le nazisme ne s'empare le premier d'une telle arme de destruction massive. Archimède a-t-il pensé à la même chose quand il défendait son monarque et sa cité contre les Romains ? Personne n'en saura rien. En revanche, pour Oppenheimer, nous savons. Cet homme délicat, suprêmement intelligent, a été dépassé par son savoir. Il s'est cru à un moment donné maître d'un monde nouveau parce qu'il avait conduit les recherches pour détruire l'ancien. Le vertige d'Oppenheimer est compréhensible. Il est toujours dérangeant d'avoir soi-même créé le vide qui va vous étourdir. En donnant aux politiques le feu nucléaire, il prit conscience d'avoir changé l'équilibre du monde. Désormais, sans qu'il soit question de catastrophe naturelle, l'homme possédait le moyen de tout raser, de tout éliminer. Ce cyanure de l'humanité reste un poison. Un poison que l'on sait fabriquer. C'est ce que pensait ce grand lecteur des *Fleurs du mal* : « Les morts, les pauvres morts ont de grandes douleurs... »

22

L'empereur de l'Antarctique

Le prix Nobel d'économie a été décerné en 1994 à un homme qui se prenait quelques années plus tôt pour l'empereur de l'Antarctique. Autrement dit un sinoque. Avant d'être un savant reconnu pour avoir introduit la notion d'équilibre utilisée dans la théorie des jeux, John Nash était un déséquilibré. Pendant vingt-cinq ans il a souffert de schizophrénie paranoïde. Son histoire a fait l'objet d'un livre de Sylvia Nasar lui même adapté au cinéma en 2001 sous le même titre *A Beautiful Mind – Un homme d'exception* – par Ron Howard avec Russel Crowe dans le rôle du fou guéri. À son corps et à son esprit défendants, John Nash est revenu de loin. Il faut dire qu'il y était parti intensément. Pourtant, tout n'avait pas si mal commencé. Fils d'un ingénieur et d'une professeur, il est né le 13 juin 1928 à Bluefield en Virginie-Occidentale. Le père est un vétéran de la Première Guerre mondiale qui a servi comme lieutenant en France. La mère enseigne l'anglais et le latin. Deux ans et demi après John, ils ont une fille prénommée Martha. Comme tout génie qui se respecte et contrairement à l'opinion couramment répandue, le jeune Nash est un élève brillant. Ce gaucher contrarié dévore l'encyclopédie que lui achètent ses parents puis des livres de science empruntés chez ses grands-parents. Il transforme même sa chambre en laboratoire pour se livrer à des expériences. Jusque-là, rien que de très banal. Sauf qu'un jour il fait asseoir sa sœur sur une chaise électrique de son invention...

Intellectuellement, Bluefield n'est pas une ville remarquable. On y croise surtout des juristes, des commerçants, mais peu de scientifiques. Comme dans beaucoup d'autres endroits, la réussite passe d'abord par l'argent, pas par le savoir. L'adolescent est bricoleur, aussi habile de ses doigts que de sa tête. Il se destine comme son père à la carrière d'ingénieur. C'est alors qu'il tombe sur le livre d'Eric Temple Bell, *Men of Mathematics*, publié en 1937, qui lui fait connaître des personnages comme Fermat. Le jeune Nash est transporté. Cette évocation du monde mathématique, de ce curieux langage de l'Univers où l'abstrait finit par nous parler du concret, est une sorte de révélation. De 1945 à 1948, il étudie au Carnegie Institute of Technology de Pittsburgh en chimie. C'est là qu'il découvre véritablement les mathématiques en les utilisant. Une passion dévorante qui ne le quittera plus. John se jette à corps perdu dans la théorie des nombres, les équations diophantiennes, la mécanique quantique et la théorie de la relativité, autant de disciplines complexes qu'un seul être ne saurait embrasser dans sa totalité. À la suite de la publication en 1944 de *La Théorie des jeux et du comportement économique* du mathématicien et physicien John von Neumann, il s'intéresse au problème de la négociation au sein du petit groupe motivé par la théorie des jeux au sein du Carnegie Institute.

Sur les conseils d'un professeur, John rejoint l'université de Princeton pour peaufiner sa théorie de l'équilibre. Dans sa thèse soutenue en 1950 sur *Les Jeux non coopératifs* il détaille la définition et les propriétés de ce qui allait par la suite s'appeler l'équilibre de Nash et lui valoir, quarante ans plus tard, le prix Nobel d'économie. L'équilibre de Nash est une situation dans laquelle l'équilibre entre plusieurs joueurs, connaissant leur stratégie réciproque, est devenu stable du fait qu'aucun ne modifie sa stratégie sans affaiblir sa position personnelle. Pour expliquer cette situation, on donne souvent l'exemple de deux marchands de glaces sur une même plage qui vendent les mêmes produits au même prix et doivent choisir leur emplacement. L'équilibre de Nash intervient dans le cas où les deux vendeurs se trouvent côte à côte au centre de la plage. C'est la situation la plus mauvaise pour satisfaire leur clientèle, mais la plus efficace pour ne pas affaiblir la position de l'un par rapport à l'autre.

À partir de 1950, John Nash enseigne l'analyse à Princeton et poursuit ses travaux dans le domaine de la géométrie différentielle. Il est également chargé de travaux dirigés au célèbre MIT à Cambridge dans le Massachusetts. Il y rencontre Alicia Lardé, une diplômée en physique qu'il épouse en 1957, dont il aura un fils et dont il divorcera en 1963. Il s'y fait également un ami et un collègue, le mathématicien Donald Newman qui ne cesse d'être épaté par les prouesses de Nash. «Tous les autres atteignent un sommet en cherchant un chemin sur la montagne, Nash gravissait en même temps une autre montagne et d'un sommet distant braquait un phare sur le premier sommet.» Rien ne semble pouvoir arrêter l'investigation mathématique de ce surdoué.

C'est pourtant en approfondissant sa théorie de l'équilibre que survient un déséquilibre personnel à partir de 1958. Il se présente en déclarant : «Je suis Nash avec un grand N», traite certains confrères d'humanoïdes ou course les pigeons pour les botter comme s'il s'agissait de ballons. «À cette époque, je n'étais pas fou. J'avais des comportements non conformistes. Il n'est pas nécessaire que tout le monde en société agisse d'une manière tout à fait normale.» En 1959, l'année où naît son fils John Charles, les psychiatres diagnostiquent une schizophrénie paranoïde C'est la forme la plus courante, mais non la moins contraignante, de la schizophrénie, celle dont Artaud fut atteint et dont il confiait à Jacques Rivière : «Une maladie qui affecte l'âme dans sa réalité la plus profonde, et qui en infecte les manifestations. Le poison de l'être. Une véritable paralysie. Une maladie qui vous enlève la parole, le souvenir, qui vous déracine la pensée.» Elle se manifeste par le délire et les hallucinations sur des thèmes qui peuvent varier de la persécution à la mégalomanie. Le malade se prend volontiers pour un messie. Il est tour à tour au-dessus et au-dessous de lui-même.

Alors que sa femme Alicia est enceinte, il disparaît plusieurs jours sans donner de nouvelles puis surgit un matin en brandissant la une du *New York Times* en prétendant y avoir lu un message codé envoyé par des extraterrestres et destiné à lui seul. Dans ces conditions, Nash a de plus en plus de mal à enseigner à Princeton. À l'une de ses élèves il a délivré un « permis de conduire intergalactique ». Il a également écrit au FBI, à l'ONU, au pape pour les informer de la nécessité d'un gouvernement mondial pour pouvoir parlementer avec les envahisseurs. Sur le campus, les étudiants surnomment « le fantôme » ou « le zombie » ce professeur qui se promène pieds nus, les cheveux longs et la barbe hirsute en marmonnant. Ses collègues évitent de le côtoyer, malgré l'estime qu'ils ont pour son œuvre, d'autant qu'il accuse certains d'entre eux de fouiller dans son bureau pour y dérober des papiers de la plus haute importance. De son côté Nash résiste. Il s'oppose autant que faire se peut aux internements mais à partir de 1960 il effectue des séjours réguliers à l'hôpital. Il y subit des électrochocs et des comas insuliniques. « Je me rappelle très peu de choses de ces comas insuliniques. Je me souviens des malades qui après le coma passaient à la douche et récupéraient dans le parc en buvant de l'eau sucrée. »

Nash alterne les phases hallucinatoires où il se prend pour un « empereur de l'Antarctique » avec des périodes d'immense tristesse au cours desquelles il semble prendre conscience de son état. Par toutes les manières, il tente d'échapper à l'internement. « Mon comportement était relativement acceptable. Je m'efforçais d'éviter l'hospitalisation et d'attirer l'attention des psychiatres. » Il tente de contrôler ses délires de persécution ou sa propension à se prendre pour un personnage messianique détenteur de secrets. « Je réalisais que je ne pouvais quitter l'hôpital que si je me comportais normalement. Ce que je fis en cachant mes hallucinations, tout en sachant que je les accepterais à nouveau après les avoir mises de côté pour un temps. »

Avec l'aide d'un avocat et d'un psychiatre, il obtient le divorce d'avec Alicia – qui continua à s'occuper de lui malgré tout – et sa sortie de l'hôpital. Lors d'un séjour à Paris, il déchire son passeport américain et demande l'asile politique à la Suisse. Les autorités américaines rapatrient discrètement cet incontrôlable personnage pour un nouveau séjour dans une clinique spécialisée où il est traité par camisole chimique. Nash ne peut plus assurer ses cours, mais compte tenu de ses états de service, la Brandeis University lui propose un poste de chercheur. Pendant trente ans il ne publie rien. Il obtient tout de même en 1978 le John von Neumann Theory Prize pour ses découvertes sur les équilibres non coopératifs.

Les mathématiques ont quitté son esprit désormais envahi par la maladie. Petit à petit sa santé mentale s'améliore grâce à des traitements adaptés à base de neuroleptiques. La caractéristique de la schizophrénie paranoïde est d'être relativement bien contrôlée par la chimie. Pourtant, à un moment, Nash décide de ne plus prendre son traitement et de s'en sortir par la seule force de la volonté. Petit à petit, son intérêt pour le raisonnement mathématique lui revient. Il s'intéresse également à la programmation informatique et à son langage si particulier. Ce qui l'avait fait sombrer était en train de le sauver. Dans les années 1990, bien qu'affaibli, John Nash sort enfin de son délire. Et, en

1994, il reçoit le prix Nobel d'économie avec Reinhard Selten et John Harsanyi pour leurs travaux en théorie des jeux.

En 1996, au congrès mondial de psychiatrie de Madrid, John Nash vient parler de son cas en expliquant que les logiciens, parmi les mathématiciens, sont souvent fous. Et de citer les cas d'Emil Post, de Kurt Gödel et même d'Alonzo Church qui parlait souvent seul à voix haute et mangeait des biscuits réduits en petits morceaux comme s'il les destinait aux pigeons... Nash considère qu'il existe une mystique des nombres susceptible d'engloutir les esprits les plus sains. On finit par entendre des voix et ces voix vous coupent de la réalité sociale. Les idées deviennent hallucinatoires. Seule compte la logique interne de ces chiffres, de leur agencement. « La formule "deux et deux font cinq" ne manque pas d'attrait », disait Dostoïevski...

Lors de la remise du prix Nobel en 1994, John Nash est brièvement revenu sur son parcours, sa réclusion mentale et sa guérison. « À l'heure actuelle, il me semble que je peux penser rationnellement dans le style caractéristique des scientifiques. Cependant, ce n'est pas entièrement une question de joie, comme si un retour de handicap physique à une bonne santé physique suffisait. Un aspect de cela est que la rationalité de la pensée impose une limite sur le concept de personne et sa relation avec le cosmos. Par exemple, un non-zoroastrien pourrait penser que Zarathoustra est simplement un fou qui a conduit des millions d'adeptes naïfs à adopter un culte du feu rituel. Mais sans sa "folie" Zarathoustra aurait nécessairement été seulement un parmi des millions ou des milliards d'êtres humains qui ont vécu et qui ont ensuite été oubliés. »

À l'occasion de cette même cérémonie, John Nash envisageait les années futures avec une certaine sérénité. « Statistiquement, il semble improbable que tout mathématicien ou scientifique, à l'âge de soixante-six ans, soit en mesure grâce à des efforts de recherche continue, d'ajouter beaucoup à ses réalisations précédentes. Cependant, je puis encore faire cet effort, même si je suis conscient de la parenthèse atypique constituée par cette période de décalage d'environ vingt-cinq ans durant laquelle ma pensée fut mise à l'écart. Ainsi, j'ai bon espoir de pouvoir réaliser quelque chose d'intéressant à partir de mes études en cours ou dans des idées futures. » C'est ainsi qu'il a émis l'hypothèse d'un Univers non expansif qui remet en cause la théorie du big bang des origines.

Sur le plan privé, John Nash vit de nouveau depuis des années avec Alicia sans qu'ils soient remariés. Leur fils John Charles, également excellent mathématicien et joueur d'échecs, est atteint de schizophrénie paranoïde depuis le milieu des années 1970. Il n'en est toujours pas sorti.

23

L'homme qui refusait les dollars

Physiquement, il ressemble à Raspoutine. Intellectuellement, il se situe dans la catégorie des génies. Et comme tous ces êtres d'exception, il se comporte de manière exceptionnelle. C'est ainsi que Grigory Perelman a refusé le 18 mars 2010 un million de dollars pour avoir résolu l'une des grandes énigmes mathématiques du XXe siècle. Il a également claqué la porte à la télévision, à la radio et à la presse. Donc, tout naturellement, un homme qui n'aime ni l'argent ni les honneurs passe pour un fou. Un fou génial, mais un fou tout de même.

Mais qu'a donc fait cet énergumène russe de quarante-cinq ans pour attirer autant de monde sur son cas ? D'abord il a reçu la médaille Fields en 2006, considérée comme le Nobel des mathématiques, pour des travaux publiés sur Internet en 2002 et 2003... Perelman est ainsi. Il considère le savoir comme un bien commun et gratuit. C'est donc sur la Toile, à destination de chacun, enfin de ceux qui étaient capables de le comprendre, qu'il a posté ses travaux alors que traditionnellement on s'adresse à une revue disposant d'un comité de lecture et d'évaluation. Ses pairs ont mis deux ans pour vérifier les trente-neuf pages de sa résolution d'un problème posé par Henri Poincaré en 1904, conjecture sur laquelle les plus grands mathématiciens du XXe siècle se sont usé les neurones. À celui qui parviendrait à trouver la solution à ce qu'il a recensé comme l'un des sept problèmes du « prix du millénaire », l'Institut de mathématiques Clay avait promis le fameux million de dollars. À un journaliste qui a fini par le joindre au téléphone après le communiqué indiquant sa découverte, Perelman a répondu : « Vous me dérangez, je suis en train de ramasser des champignons. » Hallucinogènes sans doute... À la folie de l'argent il oppose sa folie du refus de l'argent. Il se contente du monde qui est le sien, il se fout éperdument du nôtre.

Perelman est un esprit qui plane ailleurs. Il en vient et il y retourne souvent. Alors forcément, on ne le comprend pas. Les voisins de son petit appartement vétuste de Saint-Pétersbourg où il vit reclus depuis 2006 moquent sa mise négligée. « Il porte toujours la même veste et le même pantalon miteux. Il ne se coupe jamais les ongles ou la barbe. Quand il marche, il fixe le sol au lieu de regarder autour de lui. » Certains affirment qu'il n'a presque pas de meubles, d'autres trouvent qu'il ne dit pas suffisamment bonjour. « J'ai été une fois dans son appartement et j'ai été étonne. Il y a seulement une table, un tabouret, un lit avec un matelas sale qui a été laissé par les anciens propriétaires, des alcooliques, qui lui ont vendu l'appartement. » D'autres affirment qu'il héberge des cafards. « Nous essayons de nous débarrasser des cafards dans notre immeuble, mais ils se cachent dans son appartement. » C'est vrai que nous sommes à des années-lumière des préoccupations médiatiques du moment. En revanche, nous sommes proches de la caricature populaire du génie asocial, un rien autiste. Ce n'est pourtant pas de la caricature. Perelman est véritablement asocial et son génie scientifique est indiscutable. Quant à son appartement grand comme un placard, il affirme aux gens qui ont pu l'interroger sur ce sujet : « J'ai tout ce qu'il me faut. »

Puisqu'il dispose de tout, Perelman peut se consacrer à loisir au reste. C'est-à-dire aux mathématiques de haut niveau, aux problèmes les plus ardus. La conjecture de Poincaré consiste à déterminer si une forme quelconque peut constituer une sphère à trois dimensions... À vos copies ! Vous avez un bon siècle pour répondre. Pour l'Institut Clay, ce problème très complexe de topologie constitue l'un des « sept problèmes les plus recherchés du millénaire ». D'où ce « prix du millénaire » et son montant qui ferait tourner bien des têtes. Mais pas celle de Grigory Perelman. Ce casse-tête mathématique ne constitue pas qu'un jeu intellectuel pour super grosse tête. Cette énigme topologique désormais résolue par notre barbu solitaire pourrait ainsi aider à déterminer la forme de l'Univers. Dans son communiqué l'Institut Clay a expliqué que Perelman avait bien réalisé une prouesse. « Il a développé ses nouvelles idées et ses méthodes avec une grande maîtrise technique et a décrit les résultats obtenus avec élégance et concision. Les mathématiques en ont été grandement enrichies. »

Pour bien montrer son dédain des institutions, de la gloire et de l'argent, Perelman publie toujours ses travaux sur le Web à ceux qui sont capables de lire des démonstrations aussi complexes. « L'homme le plus intelligent du monde », comme l'a salué le *Dailymail* à Londres, n'avait pas pris la peine de venir chercher à Madrid la prestigieuse médaille Fields lorsqu'elle lui avait été décernée en 2004, toujours pour cette fameuse conjecture de Poincaré. Il était également absent au colloque officiel dédié à ce problème en 2010.

À l'époque de l'argent roi, l'intelligence n'est pas reine. Ou alors, cette intelligence doit accepter la monnaie d'échange, c'est-à-dire la gloire, la célébrité. De cela Perelman n'a cure. Lorsqu'il a reçu la médaille Fields, le barbu a refusé qu'on le photographie et n'a pas ouvert sa porte aux journalistes, ne voulant pas, selon ses termes, être exposé comme un animal de foire. « Je ne suis pas un héros des mathématiques. Je ne suis même pas un génie, c'est pour cela que je ne veux pas que tout le monde me regarde. »

Discret. Le mot est faible pour qualifier ce savant né en 1966 qui publie ses recherches gratuitement sur la Toile. Depuis quelques années, on murmure dans la communauté des mathématiciens qu'il pourrait bien être un génie. Visiblement, sa notoriété le dérange. En 2005, il démissionne de son poste de chercheur à l'Institut Steklov de Saint-Pétersbourg où il travaillait depuis quinze ans. Son directeur, Sergei Kisliakov, le décrit comme un personnage avec des principes moraux très étranges à ses yeux, une sorte d'hypersensible qui « ressent les choses les plus infimes très fortement. » Il aurait également confié à Kisliakov son désir de quitter les mathématiques pour trouver un

« vrai emploi », de rompre une bonne fois pour toutes avec une communauté qui n'a cessé de l'honorer. L'année suivante, l'Union mathématique internationale (IMU) lui décerne à nouveau la fameuse médaille Fields qu'il n'ira jamais chercher. Aux dernières nouvelles, Perelman vit seul avec sa vieille mère et il aurait cessé toutes recherches. À moins qu'il ne nous réserve quelques surprise via l'Internet...

Conclusion

Ce petit voyage chez les scientifiques n'est pas complet. Il ne s'agissait pas d'être exhaustif, mais de montrer que les plus grands esprits habitués à grimper les pentes les plus abruptes du savoir peuvent tomber dans les ravines de la déraison. Nos alpinistes du savoir ont été recrutés parmi les sciences dites dures. Pourtant, les sciences molles n'ont pas eu à se plaindre avec quelques beaux spécimens de branquignols. Que dire d'Auguste Comte, l'inventeur du mot sociologie, le bricoleur du positivisme, un système qui utilisait un calendrier particulier sur le modèle du calendrier révolutionnaire et qui prenait 1789 comme l'an I. Ainsi le 12 septembre 1852, Comte data une de ses missives du 4 Shakespeare 64. Si cela ne s'appelle pas avoir un grain... Que penser également de Wilhelm Reich, l'inventeur dans les années 1930 du freudo-marxisme, qui s'abîma dans la démence et finit ses jours en prison pour pratique illégale de la médecine ?

Mais ces sciences humaines auxquelles Michel Foucault ne reconnaissait pas le statut de sciences n'ont pas la réputation de l'exactitude. On leur pardonne beaucoup, alors qu'elles ont perverti autant d'esprits que les autres. Mais on les absout parce qu'elles sont humaines, donc faillibles. Alors que les autres sont montrées du doigt comme pouvant être dangereuses puisque infaillibles. L'exactitude fait toujours peur. Chez ses adeptes, cela fleure bon le maniaque. Alors que le psychologue fantasque ou l'anthropologue excentrique, cela fait presque partie de la tradition.

Dans son livre *Elephants on Acid and Other Bizarre Experiments*, Alex Boese a recensé les expériences les plus loufoques, les plus insensées et les plus inutiles. Elles sont l'œuvre de savants plus ou moins fous. Des médecins surtout qui agissent au nom d'une idéologie comme ce docteur Vladimir Demikhov qui au début des années 1950, en pleine guerre froide, se fait un devoir de montrer la supériorité de la chirurgie soviétique en greffant une tête supplémentaire à un chien. Son chien à deux têtes exprime toute la bêtise de la démarche.

Parmi ces allumés on pourrait encore citer le cas de ce biologiste américain qui en 1962 a cherché à démontrer les effets du LSD chez un éléphant pour provoquer un état d'excitation proche du rut. Le pachyderme nommé Tsuko n'a pas supporté la dose et il est mort. En 1963, un autre chercheur américain a implanté une puce dans un taureau de corrida pour pouvoir le stopper net dans sa charge à l'aide d'une télécommande, ce qui n'a pas fonctionné. À la même époque un Soviétique a cherché à créer de toutes pièces le chaînon manquant, un hybride singe-humain. Il a tenté plusieurs inséminations artificielles sur des guenons et a même passé des appels à des femmes volontaires pour porter l'enfant d'un ourang-outan. Dans le même genre d'idée stupide, un Américain a surenchéri en greffant la tête d'un singe sur le corps d'un autre primate. La créature n'a pas dépassé les vingt-quatre heures...

La compilation de Boese, qui va du comique à l'effrayant, nous montre que les savants fous, ce sont quelquefois nous-mêmes. Il prend pour exemple la célèbre expérience de Stanley Milgram de 1963 qui avait inspiré un « jeu de la mort » télévisé en 2010 sur France 2. On peut d'ailleurs retrouver l'essentiel de la démarche dans une scène célèbre du film d'Henri Verneuil, *I comme Icare*, avec Yves Montand. Rappelons la méthode. Des volontaires, vous et moi, ont répondu à une annonce passée par un laboratoire universitaire réputé. Croyant avoir affaire à une étude sur l'importance de la punition dans l'apprentissage, ils ont devant eux un volontaire qui est en vérité un acteur. Ce cobaye est sanglé sur une chaise électrique. Les participants doivent lui administrer des décharges de plus en plus fortes à mesure que l'acteur accumule les mauvaises réponses. Quand il commence à crier, ils hésitent. Mais Stanley Milgram vient leur dire qu'il faut poursuivre le protocole pour le bien de l'expérience. Ce qu'ils font. Soixante-dix pour cent d'entre eux font même pousser le voltage jusqu'à des doses mortelles malgré les contorsions et la souffrance simulées de l'acteur. Milgram en déduit que si les États-Unis voulaient installer des camps de concentration, il n'y aurait pas de pénurie de kapos. Cette expérience terrifiante montre comment un être apparemment sain d'esprit peut en quelques minutes se transformer en bourreau. Par le simple pouvoir de la science. Parce que cette torture est en quelque sorte officialisée par l'Université.

Quand Montand hurle : «C'est intolérable», le médecin lui répond : «Monsieur le procureur, vous c'est à cent quatre-vingts volts que vous avez réagi.» Le psychologue Stanley Milgram (1933-1984), lui-même, n'était pas aussi imperturbable que ses expériences le laisseraient penser. Cet homme au quotient intellectuel très élevé (158 alors que la moyenne se situe vers 100) fut soupçonné de sadisme et jouait aux fléchettes sous peyotl, un cactus gorgé de mescaline. Daniel Wilson et Anna Long considèrent dans leur *Panthéon des savants fous* que le professeur était constamment sous l'emprise de drogues diverses. «Outre le peyotl, Milgram fume régulièrement de la marijuana, avale des champignons, sniffe de la cocaïne et gobe des amphétamines par centaines.» Même dans les années 1960, le cas est assez rare.

Dans la catégorie des agents de l'État partiellement détraqués, on peut citer le docteur Disney Gottlieb (1918-1999), empoisonneur en chef de la CIA qui rêva de faire parvenir des cigares cubains aromatisés à la toxine botulique à Fidel Castro dans les années 1960... Dans son enquête consacrée au *Département des savants fous,* le journaliste Michael Belfiore examine à la loupe les recherches de la DARPA, la Defense Advanced Research Projects Agency, une agence américaine très curieuse en charge des projets en recherche avancée pour la Défense qui dépend donc des militaires. Créée en 1958, elle définit vingt ans plus tard le protocole TCP/IP à l'origine de l'Internet. On y imagine des robots combattants, des hommes bioniques, des bombes intelligentes, autant d'innovations destinées à protéger et détruire. La folie de ces techniciens s'inscrit dans les marges de la compétition militaire, même si quelques innovations finiront par trouver des applications dans notre vie quotidienne.

Et que dire encore non plus des savants mais des projets fous ? Ainsi ITER, le réacteur expérimental destiné à produire vers 2019 de l'électricité non plus à partir de la fission mais de la fusion nucléaire, en reproduisant ce qui se passe à l'intérieur du Soleil. Sept pays ont décidé de construire ce monstre à Cadarache, dans la vallée de la Durance, qui absorbe l'essentiel des crédits français pour la Recherche. En juin 2010, son coût total a été réévalué de 6 à 16 milliards d'euros ! Sur le versant écologique, on peut évoquer le projet international Desertec qui envisage de recouvrir une partie du Sahara de capteurs solaires. Les concepteurs expliquent que l'aménagement d'un vingtième de la surface du plus grand désert du monde suffirait à approvisionner toute la planète en électricité. Toujours dans le domaine décidément en pointe de la réduction du réchauffement climatique, des scientifiques proposent des solutions totalement délirantes pour rafraîchir notre Terre : répandre de la limaille de fer à la surface des océans pour faire apparaître du phytoplancton qui absorberait le CO_2. On ne dit pas que faire par la suite de ces microalgues ferrugineuses... En 2006, Paul Crutzen, Prix Nobel de chimie en 1995, proposait d'envoyer dans la stratosphère des ballons chargés de soufre ou de sulfure d'hydrogène. En brûlant, le soufre produit du dioxyde de soufre, lui-même converti en particules de sulfate qui réfléchissent la lumière du soleil. Cette barrière spatiale et soufrée permettrait d'abaisser la température moyenne globale. D'autres spécialistes suggèrent la production intensive de nuages d'eau de mer. Plus blancs à cause du sel, ils réfléchiraient la lumière solaire...

En fait, la science nous montre qu'elle-même peut être extravagante. Cela dépend de notre façon de l'aborder. Dans *Le Métier des autres*, Primo Levi rappelle l'histoire de Roelof Houwink. Ce chimiste hollandais né à la fin du XIXe siècle a publié en 1965 *The Odd Book of Data*, le livre des données bizarres. « Roelof Houwink s'est lancé avec une intrépidité juvénile au-delà des limites de l'absurde, dans la voie du paradoxe et des analogies fulgurantes, mû par le désir de montrer combien l'univers qui nous entoure est étrange, là même où l'étrange se dissimule derrière l'habitude. »

Son curieux livre, chapitré par domaine et illustré de dessins, nous explique par exemple que la pression exercée par le talon aiguille d'une femme en escarpin est égale à celle d'un générateur de vapeur à haute pression, qu'une petite cuillerée d'eau de mer contient autant de molécules qu'il y a de petites cuillerées d'eau dans l'océan Atlantique, que la somme d'énergie dépensée par un individu durant sa vie pour parler trois heures par jour suffirait tout juste à réchauffer une tasse de thé ou que notre cerveau ne consomme pas plus qu'une ampoule de cent watts ! Ce genre de données apparemment totalement inutiles a de quoi fasciner, d'autant que l'auteur ne connaissait pas encore toutes les révolutions apportées par la cosmologie moderne avec la théorie des cordes, des univers qui se superposent, du vide qui n'est pas rien ou du commencement qui ne commence jamais. À sa manière, Houwink nous invite à une visite sensible et décalée de cette science dont on comprend pourquoi elle a troublé autant de consciences.

Le savant fou n'est qu'une projection de nos fantasmes. C'est au moment où la science a véhiculé autant d'espoir que de peur, au XIXe siècle, au moment où la science fait irruption dans la sphère sociale, que la figure est apparue dans la littérature. Le cinéma et la bande dessinée ont fait le reste. L'imaginaire populaire s'est emparé de ces dingues pour les installer dans un monde marginal et masculin. Il n'y a pas de savantes folles parce qu'il y a tout compte fait peu de femmes dans la science, surtout dans les disciplines prédisposées au délire comme la physique, les mathématiques ou la génétique si l'on excepte la chimiste française Brigitte Boisselier qui affirme avoir cloné des êtres humains au sein de la secte des raëliens. Mais c'est pourtant une femme qui a décrit pour la première fois le modèle du savant fou en créant le personnage de Victor Frankenstein.

Et si le savant fou était la soupape du scientisme pur et dur, la porte ouverte sur l'inconnu, l'indispensable fuite vers le subjectif, le côté vulnérable et humain de la science ? Dans l'Antiquité folie et génie étaient d'ailleurs perçus comme inséparables. Sans ces fous, ces bizarres, ces hurluberlus, la science ne serait pas ce qu'elle est. Ce sont eux qui la rendent humaine, faillible, poétique, délirante et tragique. Cette ombre sur la science, c'est l'obscurité de l'homme lui-même, sa part maudite. La face cachée de la science est ce qui la rend tout compte fait humaine. N'oublions jamais que la science est faite par les savants, tous les savants, y compris les savants fous.

Bibliographie

Audeguy, Stéphane, *In memoriam*, Gallimard, coll. « Le Cabinet des lettrés », Paris, 2009.

Bechtel, Guy, *Délires racistes et savants fous*, Plon, Paris, 2002.

Belfiore, Michael, *The Department of Mad Scientists. How DARPA is Remaking our World, from the Internet to Artificial Limbs*, Smithsonian Books, New York, 2009.

Bell, Eric Temple, *Men of Mathematics*, Simon & Schuster, New York, 1986.

Bensaude-Vincent, Bernadette, et Blondel, Christine, *Des savants face à l'occulte 1870-1940*, La Découverte, Paris, 2002.

Binet-Sanglé, Charles, *La Folie de Jésus*, Maloine, Paris, 1908.

Blavier, André, *Les Fous littéraires*, Cendres, Paris, 2000.

Blay, Michel, et Halleux, Robert, dir., *La Science classique*, Flammarion, Paris, 1998.

Blondlot, René, *Rayons « N »*, Gauthier-Villars, Paris, 1904.

Boese, Alex, *Elephants on Acid and Other Bizarre Experiments*, Harcourt, New York, 2007.

Bonells, Jordi, *La Deuxième Disparition de Majorana*, Liana Lévi, Paris, 2004.

Braun, Lucien, *Paracelse*, Slatkine, Genève, 1994.

Brunschwig, Jacques, et Lloyd, Geoffrey, *Le Savoir grec*, Flammarion, Paris, 1996.

Cassou-Nogès, Pierre, *Les Démons de Gödel. Logique et folie*, Le Seuil, coll. « science ouverte », Paris, 2007.

Chaitin, Gregory, *Hasard et complexité en mathématiques*, Flammarion, coll. « Nouvelle Bibliothèque scientifique », Paris, 2009.

Charles, Émile, *Roger Bacon, sa vie, ses ouvrages, ses doctrines*, Hachette, Paris, 1861.

Chassay, Jean-François, *Si la science m'était contée*, Le Seuil, Paris, 2009.

Cheney, Margaret, *Nikola Tesla : L'homme qui a éclairé le monde*, Un infini cercle bleu, Paris, 2010.

Chevalier, Haakon, *L'Homme qui voulait être Dieu*, Le Seuil, Paris, 1960.

Collins, Paul, *La Folie de Banvard. Treize récits de malchance, d'obscure célébrité et de splendide anonymat*, Gallimard, coll. « Le Promeneur », Paris, 2008.

Cornwell, John, *Les Savants d'Hitler*, Albin Michel, Paris, 2008.

Costes, Guy, et Altairac, Joseph, *Les Terres creuses*, Encrage, Les Belles Lettres, Paris, 2006.

Dauben, Joseph Warren, *Georg Cantor. His Mathe-*

matical and Philosophy of the Infinite, Princeton University Press, Princeton, 1990.

Davis, Martin, *Solvability, Provability, Definability : The Collected Works of Emil L. Post*, Birkhäuser Verlag AG, Boston, 1994.

Davy, Humphry, *Éléments de philosophie chimique*, chez J. E. G. Du Four, Paris, 1813.

Dawson, John W., Jr, *Logical Dilemmas : The Life and Work of Kurt Gödel*, A. K. Peters, Wellesley, Massachusetts, 1997.

Dick, Thomas, *The Sideral Heaven and Other Subjects Connected with Astronomy*, Harper & Brothers, New York, 1844.

Dobbs, Betty Jo Teeter, *The Janus Faces of Genius : The Role of Alchemy in Newton's Thought*, Cambridge University Press, Cambridge, 1991.

Dupuy, Jean-Pierre, *Les savants croient-ils en leurs théories ? Une lecture philosophique de l'histoire des sciences cognitives*, INRA éditions, Paris, 2000.

Farmelo, Graham, *The Strangest Man : The Hidden Life of Paul Dirac, Mystic of the Atom*, Basic Books, New York, 2009.

Forrest, Derek William, *Francis Galton : The Life and Works of a Victorian Genius*, Taplinger Pub Co, Londres, 1974.

Frayling, Christopher, *Mad, Bad and Dangerous. The Scientist and the Cinema*, Reaktion Books, Londres, 2005.

Gratzer, Walter, *Eurekas and Euphorias. The Oxford Book of Scientific Anecdotes*, Oxford University Press, New York, 2006.

The Undergrowth of Science : Delusion, Self-Deception, and Human Frailty, Oxford University Press, New York, 2000.

Guillemain, Hervé, *La Méthode Coué. Histoire d'une pratique de guérison au XXe siècle*, Le Seuil, Paris, 2010.

Hawking, Stephen, *Une brève histoire du temps*, Flammarion, Paris, 1989.

Haynes, Rosslynn D., *From Faust to Strangelove : Representations of the Scientist in Western Literature*, The Johns Hopkins University Press, Baltimore, 1994.

Hodges, Andrew, *Alan Turing ou l'Énigme de l'intelligence*, Payot, Paris, 1988.

Houwink, Roelof, *The Odd Book of Data*, Elsevier Publishing, Londres, 1965.

Jorion Paul, *Comment la vérité et la réalité furent inventées*, Gallimard, Paris, 2009.

Klein, Étienne, *Il était sept fois la révolution. Albert Einstein et les autres...*, Flammarion, Paris, 2005.

Knap, Georgia, *Les Causes de la décrépitude et de la mort prématurée de l'espèce humaine*, Imprimerie Pax, Paris, 1928.

Kragh, Helge S., *Dirac : A Scientific Biography*, Cambridge University Press, Cambridge, 1990, rééd. 2005.

Lecourt, Dominique, *Prométhée, Faust, Frankenstein. Fondements imaginaires de l'éthique*, Synthélabo Groupe, coll. «Les Empêcheurs de penser en rond», Le Plessis-Robinson, 1996; *Lyssenko. Histoire réelle d'une «science prolétarienne»*, Presses universitaires de France, Paris, 1995.

Lemire, Laurent, *Le Siècle d'Albert Einstein*, Perrin, Paris, 2008.

Alan Turing, l'homme qui a croqué la pomme, Hachette Littératures, Paris, 2004.

Marie Curie, Perrin, Paris, 2001.

Lenotre, Georges, *La Petite Histoire*, Grasset, coll. «Les cahiers rouges», Paris, 1983.

Levi, Primo, *Le Métier des autres*, Gallimard, Paris, 1992.

Lévy-Leblond, Jean-Marc, *Impasciences*, Bayard Éditions, Paris, 2000.

Lloyd, Geoffrey E. R., *Une histoire de la science grecque*, Le Seuil, coll. «Points Sciences», Paris, 1993.

Lombroso, Cesare, *L'Homme de génie*, Félix Alcan, Paris, 1889.

Lourbet, Jacques, *La Femme devant la science contemporaine*, Félix Alcan, Paris, 1896.

Magueijo, João, *A Brilliant Darkness. The Extraordinary Life and Disappearance of Ettore Majorana, the Troubled Genius of the Nuclear Age*, Basik Books, New York, 2009.

Manuel, Frank Edward, *A Portrait of Isaac Newton*, Belknap Press of Harvard University Press, Cambridge, Massachusetts, 1968.

Martinet, Alexis, *Le Cinéma et la science*, Éditions du CNRS, Paris, 1994.

Maury, Jean-Pierre, *Petite Histoire de la physique*, Larousse, Paris, 1992.

Nasar, Sylvia, *Un homme d'exception*, Calmann-Lévy, Paris, 2000.

Nash, John Forbes, *The Essential John Nash*, sous la

direction de Sylvia Nasar et Harold W. Kuhn, Princeton University Press, Princeton, 2007.

Pauwels, Louis et Bergier, Jacques, *Le Matin des magiciens*, Gallimard, Paris, 1960.

Pichot, André, *La Société pure. De Darwin à Hitler*, Flammarion, Paris, 2000.

Aux origines des théories raciales. De la Bible à Darwin, Flammarion, Paris, 2008.

Platon, *Œuvres complètes*, sous la direction de Luc Brisson, Flammarion, Paris, 2008.

Plutarque, *Vies parallèles*, Gallimard, coll. « Quarto », Paris, 2001.

Price, Derek John de Solla, *Little Science, Big Science... and Beyond*, Columbia University Press, New York, 1963. Traduit en français sous le titre *Science et suprascience*, Fayard, Paris, 1972.

Pringle, Heather, *Opération Anhenerbe*, Presses de la Cité, Paris, 2007.

Rousseau, Pierre, *Histoire de la science*, Fayard, Paris, 1945.

Rival, Michel, *Robert Oppenheimer*, Flammarion, Paris, 1995.

Sciascia, Leonardo, *La Disparition de Majorana*, Les Lettres Nouvelles/Maurice Nadeau, Paris, 1977.

Skal, David J., *The Monster Show. A Cultural History of Horror*, Faber and Faber, New York, 2001 ; *Screams of Reason : Mad Science in Modern Culture*, W. W. Norton & Company, New York, 1998.

Smyth, Charles Piazzi, *La Grande Pyramide, pharaonique de nom, humanitaire de fait, ses merveilles, ses mystères et ses enseignements*, Gauthier-Villars, Paris, 1875.

Tausk, Viktor, *L'« Appareil à influencer » des schizophrènes*, Payot, Paris, 1970.

Tesla, Nikola, *Mes inventions*, Un infini cercle bleu, Paris, 2006.

Tudor, Andrew, *Monsters and Mad Scientists : A Cultural History of the Horror Movie*, Basil Blackwell, Oxford, 1991.

Wilson, Daniel H. & Long, Anna C., *Le Panthéon des savants fous*, Calmann-Lévy, Paris, 2010.

Wallace, David Foster, *Everything and More*, Atlas Books, New York, 2003.

Zaslavskii, O. B., *Ettore Majorana : Quantum mechanics of Destiny*, Priroda 11, 2006. http :// arxiv.org/abs/physics/0605001v2

Index

Remerciements

À

Nicole Lattès pour sa confiance
Dominique Missika pour sa patience
Bruno de Baecque pour sa complicité
Marie qui sait pourquoi

Table

Cet ouvrage a été imprimé
en janvier 2011 par

CPI
FIRMIN-DIDOT

27650 Mesnil-sur-l'Estrée
N° d'édition : 51319/01
N° d'impression : 103088
Dépôt légal : février 2011
Imprimé en France

La photocomposition de cet ouvrage
a été réalisée par
GRAPHIC HAINAUT
59163 Condé-sur-l'Escaut